建設現場の
ハラスメント防止対策
ハンドブック

改訂版

Power harassment
Sexual harassment
Moral harassment
Alcohol harassment

ヒューマン・クオリティー代表取締役
ハラスメント対策コンサルタント

樋口 ユミ

JN077575

| 目次 | # 建設現場の
ハラスメント防止対策
ハンドブック【改訂版】 |

第1章

今、見過ごせないハラスメントの問題

1. 企業の最重要経営課題であるハラスメント防止対策

　国土交通省が発表した「2021年度建設投資見通し」によると、2011年以降、東日本大震災の復興需要、景気回復による設備投資の増加などもあり、建設投資額は増加基調が続いています。建設業界の人材需要は高水準が続いており、今後も人手不足の状況が継続すると考えられます。

　貴重な人材を確保し、長く働いてもらうためには、世間の注目が集まっている「ハラスメント」の対策は欠かせません。命にかかわる仕事を担う者として、強く叱ることも時には必要なことですが、行きすぎるとハラスメント問題に発展してしまうこともあります。ハラスメントと教育の境界線に悩んでいる方や、ハラスメントをしている人にどう指導すべきかと考えている経営者もいらっしゃるかもしれません。

　この本では、経営者や上司として知っておくべきハラスメントとその防止対策を事例を交えて解説します。

　経営者として管理職として、上司としてハラスメント対策は必須です。自社に置き換えて考えてみましょう。

2. ハラスメントがもたらす会社へのダメージ

　ハラスメントの問題が毎日のように新聞やメディアを騒がせています。女性記者へのセクハラ疑惑が報じられた財務省のニュースは大きな社会の注目を浴びることになってしまいました。スポーツ界でも、問題は続出しています。これまでは、もしかしたら、スポーツの世界も含めてその業界では当たり前だったことが、ハラスメントになるのです。

　そして、ハラスメントに対して世間的な目が厳しくなり、被害者が声を上げ

すくなってきたこともあって、企業のハラスメントの相談件数は年々増えています。厚生労働省が発表した、2021年度の労働紛争に関する調査結果によると、民事上の個別労働紛争の相談件数、助言・指導の申出件数については、ハラスメントを含む「いじめ・嫌がらせ」が昨年より8.6％増加し、ここ数年トップを維持しています。

　職場のハラスメントが裁判に発展すれば、会社も、不法行為や債務不履行、使用者責任を問われます。賠償金額が非常に高額となった裁判事例を1つご紹介します。

　兵庫県の公立病院の男性勤務医（当時34歳）がうつ病となり、2007年12月に自殺をしました。時間外労働は週平均40〜50時間に上りました。上司は「給料分の仕事をしていないことを両親に連絡しよう」といった暴言を吐いたり、患者の前で頭をたたいたりしていました。「自殺したのは、長時間労働と上司のパワーハラスメント（パワハラ）が原因だ」として、両親が病院側に損害賠償を求めた訴訟の控訴審判決で、広島高裁松江支部は、運営する病院組合に約1億円の支払いを命じました。

○労災認定されるケースも増加傾向

　また、ハラスメントが原因で、労災認定されるケースも増えています。ある建設会社の工事現場では、技能実習生が日本人社員たちから「ばか」「この野郎」などの暴言や、工具でヘルメットをたたくといった暴行を受けていました。技能実習生はパワハラでうつ病になったとして、労災認定されています。

　法的な責任だけでなく、大きな問題となるのが、離職による人材流出です。ハラスメントを受けている人は、その職場で働くことが苦痛になり、うつ病や不安障害などの精神的な疾患を発症してしまうことがあります。その状態が続けば、働き続けるのが困難になり、退職してしまうこともあるでしょう。こうした理由で離職者が出ると、インターネットで情報が拡散して、「あそこはブラック企業だ」というレッテルが貼られる可能性があります。情報化社会の今、こうした噂が流

れると、新たな人材確保が困難になるのです。現在、発注元の会社もコンプライアンスに厳しく、ハラスメントがある会社へは発注しない可能性もあるでしょう。

　ほかにも重要な問題があります。職場で怒鳴られたり、人格攻撃をされたりしている人がいると、周囲の人にも心理的な悪影響があるのです。「パワハラやセクシュアルハラスメント（セクハラ）が起きているのに、会社は何もしてくれない」「ハラスメントをするような人が管理職や指導者である会社は信用できない」など、会社への不信感も膨らんでいきます。

　こうした職場の雰囲気は、仕事の生産性にも大きく影響を及ぼし、悪影響ははかり知れません。そして、パワハラは労働施策総合推進法で、企業に防止対策が義務づけられ、安全配慮義務、職場環境配慮義務などにかかわり、防止をすることが事業主には求められています。

第2章

具体的なハラスメントの種類と概要

　本章では、パワハラ、セクハラ、モラルハラスメント（モラハラ）など、様々なハラスメントについて、裁判例などを交えながらわかりやすく解説していきます。

1. パワーハラスメントについて

①パワハラの概要

　パワハラの問題が大きく注目されるようになったきっかけは、2015年電通の新入社員が自殺をしてしまったことです。過重労働の背景にパワハラがあったと指摘されています。パワハラの問題はこれまで何度も取り上げられてきましたが、経営者がパワハラ防止に本腰を入れ始めたのは、この頃からと考えています。会社の存続にかかわる問題でもあると捉える必要があるのです。

　誰もが相談ができる「駆け込み寺」でもある労働局の相談コーナーには、年間8万6千件のパワハラの相談が寄せられており、会社としては目をそらすことができない問題なのです。

　「パワーハラスメント」は日本で生まれた言葉です。パワハラという言葉そのものを使った法律はありませんが、第1章で触れたように防止することが求められています。

　労働施策総合推進法では、「職場におけるパワーハラスメント」とは、①優越的な関係を背景とした②業務上必要かつ相当な範囲を超えた言動により③就業環境を害すること、身体的もしくは精神的苦痛を与えること、この3つの要素を全て満たすものと定められています。

　「優越的な関係」とはわかりやすく言えば、上司と部下の関係のことです。ただし、第1章で紹介した外国人実習生の例のように、同僚間であっても、怒鳴られたりしたときに反論できないような関係性であればパワハラが認められます。

　パワハラか教育的指導かの判断は、「業務上必要かつ相当な範囲」かどうかが

ポイントです。本人は教育のつもりであっても、ささいなミスに対して「死んで
しまえ！」と発言したり、土下座させたりするのは明らかに行きすぎた行為であ
り、パワハラと判断される可能性が高いです。無視や仲間外れなどの行為も、パ
ワハラです。

②パワハラの6つの行動類型

　労働施策総合推進法では、パワハラには6つの行動類型があると示しています

1. 身体的な攻撃

　叩く、物を投げつける、殴る、蹴るなど「暴行」「傷害」に該当するもの

2. 精神的な攻撃

　暴言、人前で叱責する、長時間叱り続けるなど、「脅迫」や「名誉毀損」「侮辱」「ひ
どい暴言」に該当するもの

3. 人間関係からの切り離し

　一人だけ隔離する、職場の飲み会やイベントに呼ばない、無視するなど、「隔離」
「仲間はずし」に該当するもの

4. 過大な要求

　どう考えても無理な仕事を押しつける、必要のない業務を繰り返しさせる、まっ
たく指導なしに業務をさせるなど、「業務上明らかに不要なことや遂行不可能な
ことの強制」や「仕事の妨害」に該当するもの

5. 過小な要求

　仕事をさせない、能力や経験とかけ離れた程度の低い仕事をさせる、罰とし
て炎天下で草むしりをさせるなどの行為

6. 個の侵害

　プライベートなことを根掘り葉掘り聞いたり、からかったり、家族の悪口を言っ
たり、私的なことに過度に立ち入る行為

　他にも、ルールを超えた時間外労働を強制する、サービス残業を強制する、不
正を強要するなどもパワハラに当たります。ただし、わかりやすい暴力や暴言だ

けではなく、大声や冷たい言い方、「何でできない！」と問い詰める、相手を馬鹿にするなどの言動も部下を悩ませる行為でグレーゾーンのパワハラとも言われています。グレーゾーンも常態化すれば、それはパワハラです。

③パワハラに関する裁判例

　今、パワハラに関する裁判は増加しています。そして、以前よりパワハラに対して裁判所は厳しく判断（加害者側・会社・個人にとって）する傾向となっています。

建設会社社員自殺は労災、上司から「偽善的な笑顔」（2021年3月　福岡地裁）

　建設会社勤務の20代男性が自殺したのは、長時間労働や上司からのパワーハラスメントでうつ病を発症したことが原因だとして、遺族が国に労災認定を求めました。

　男性は長時間労働が続き、月100時間を超える残業をしていました。また、上司から「腹黒い」「偽善的な笑顔」などと言われ、うつ病を発症し、自殺をしました。うつ病の発症は長時間労働とパワハラが主な要因であるとして、上司の発言については「長時間労働で疲弊していた男性に対して追い打ちをかける形で心理的負荷がかかった」と認定しました。

消防のパワハラ認定　組合に賠償命令　（2020年3月　高知地裁）

　消防組合（組合長＝市長）の消防署の職員32人（うち1人は退職）が上司からパワハラを受けたとして損害賠償を起こしました。裁判では、職員2人にペットボトルを投げつけるなどした行為をパワハラと認定して、組合に6万6千円の支払いが命じられました。

　副署長は、消防署への荷物が届かないことについて「俺を疑っているの

か？」と職員を語気強くただし、30分以上正座させて空のペットボトルを投げつけました。また、休暇中の同僚への連絡を拒否した別の職員に気分を害し、靴を脱いだ片足を職員の膝の上に置くなどしました。これらの行為の一部がパワハラ認定されたのです。暴力はあってはならないことです。

マンション建設会社に賠償命令　パワハラ認定（2017年12月5日　名古屋地裁）

　「おまえみたいな『がんウイルス』がいると会社の雰囲気が悪くなる」などの暴言でうつ病になった40代の男性が、当時勤務していたマンション建設会社と元上司に損害賠償を求めた裁判です。裁判所はパワハラを認定し、合計で約160万円の賠償を命じました。

　男性は複数の工事を受注していましたが、書類の記載ミスなどを理由に支店の課長から「おまえの席はない」と叱責を受け、担当を外されました。男性は「きもい」「がんがうつる」などの暴言も浴びるようになり、うつ病を発症して会社を退職しました。

　元上司は「教育的指導だった」とパワハラを否定して、会社も相談窓口の設置など適切な対策を取ったと主張していましたが、裁判所は「元上司の言動は嫌がらせやいじめと捉えざるを得ない」と指摘し、会社側の使用者責任も認めました。本件では労災の支給とともに民事の損害賠償も認められています。

自動車会社社員　パワハラ自殺事件（2021年9月　名古屋高裁）

　自殺した自動車会社の男性社員の妻が労災の支給を求めた裁判です。上司によるパワハラや、業務とうつ病発症との間の因果関係も認定されました。

　男性が業務進捗の報告などをするたびに上司2人から大声で叱責された

ことが「社会通念に照らし、許容される範囲を超える精神的攻撃」と判断され、同様の行為が続いて心理的負荷は強かったとしてパワハラが認定されました。

　また、この会社では過去に別の若手社員が自殺をして、遺族と和解をした、ということも起きました。2021年に同社の社長が謝罪をしたことは大きな波紋を引き起こしました。新入社員が研修を経て設計を担う部署に配属されたのですが、直属の上司に「ばか」「やる気ないの？」「死んだほうがいい」などと暴言を浴びせられるようになり、休職中に社員寮で自殺しました。

　この上司は男性が部下になる以前から、パワハラの言動があったことを若手社員の間で知られていましたが、幹部社員はパワハラの存在を認識しておらず、パワハラの情報が引き継がれることはありませんでした。

「オムツ姿で仕事」「クレーンにつるす」職場いじめの男に実刑判決（2021年5月　高松高裁）

　勤務先の後輩から現金84万円を脅し取ったとして恐喝罪などに問われた金属加工会社の元会社員の男に、懲役2年6月（求刑・懲役4年）の実刑判決が言い渡されました。後輩男性を裸にしてオムツをはかせて仕事をさせたり、クレーンにつるして回したりするなどの「職場いじめ」を長年続けていたことが明らかになっています。

　男は後輩男性を鉄パイプで殴ったほか、「家族を崩壊させる」と脅すなどの行為にも及び、「卑劣、悪質で常習的な犯行。精神的、肉体的に追い込んだ」として実刑になりました。あってはならない職場いじめ事件です。

> **「上司のパワハラで自殺」8,900万円の損害賠償**（2022年8月 大分地裁）
>
> 　工場で働いていた当時21歳の男性が上司のパワハラにより自殺をして、遺族である両親がおよそ8,900万円の損害賠償を求めた裁判で、請求が全て認められて裁判が終わりました。
>
> 　男性は上司から度重なる嫌がらせを受けた後「お前なんかいらない」などと告げられ、その2日後に自殺したといいます。男性の父親は「一応お金を払ったからそこで終わりみたいな幕引きは予想だにしていなかった。心の方がついていかない感じです」と話をしています。

④パワハラに関する声

　裁判とまではならずとも、私が行っている相談窓口や研修を通して、管理職の方、一般社員の方それぞれから聞こえてくる声は以下のようなものです。

【管理職】

・昔はこのくらいは当たり前だった

・今の従業員、特に若手はメンタルが弱い

・社長がパワハラのことを理解していない。役員のパワハラがひどい　など

　多くの管理職は、自分が行っているのはあくまでも指導であってパワハラではないと考えています。その一方で、管理職の中にも、社長や上司からパワハラを受けていると感じている人が多くいるのも事実です。

【一般社員】

・職場にパワハラがある

・上司はパワハラに気づいていない

・会社には期待していない

　パワハラがあると思っている一方で、上司には相談できず、会社への不信感を募らせるといった状況です。以上のように、パワハラに関して、管理職と一般社員の間に大きな温度差があることがうかがえます。

図表 職場におけるセクハラの種類

種　類	対価型セクハラ	環境型セクハラ
定　義	職場において行われる性的な言動に対する労働者の対応により当該労働者がその労働条件につき不利益を受けること。	職場において行われる性的な言動により労働者の就業環境が害されること。
具体例	・経営者が部下に対して性的な関係をせまり、拒否されたところ、部下を解雇した。 ・車の中で上司が部下の腰、胸に触り、部下が抵抗したので、部下を希望していない部署に異動させた。 ・宴席で上司が日頃から部下に性的な冗談をいつも言っていたところ、ある部下が抗議した。するとある日突然その部下は降格になった。	・上司が部下の腰、胸を触る。 ・同僚が周囲に、ある同僚が誰とでも性的関係を持つ人だと噂を流す。 ・事務所内全体で性的な冗談を言ったり、からかいなどが、いつもあるのに誰も注意をしない。 ・スマートフォンで性的な画像を同僚に見せる。

2. セクシュアルハラスメントについて

①セクハラの概要

「男女雇用機会均等法」では、職場におけるセクハラの発生を防止するために事業主が雇用管理上必要な措置を取るよう義務づけています。事業主が必要な措置を講じず、是正指導にも応じない場合は、企業名公表の対象となります。

　職場におけるセクハラとは、「職場において行われる性的な言動に対する労働者の対応により、当該労働者がその労働条件につき不利益を受けることや、職場において行われる性的な言動により、労働者の就業環境が害されること」を言います。

　また、職場におけるセクハラには、図表のように「対価型」と「環境型」があります。なお、具体例では、"男性・女性"という言葉を使っていません。セクハラは男性から女性だけではなく、男性同士、女性同士、女性から男性へのセクハラもあるのです。性的マイノリティの人に対するセクハラ（具体例：「おまえ、オネエなんじゃないの？」など）もあります。

　セクハラの根底には、「男性はこうあるべき」「女性はこうあるべき」といった性別役割分担意識があり、ジェンダー型セクハラと呼ばれています。セクハラは

1997年に法律で防止するための措置が義務づけられたにもかかわらず、一向に
なくなっていないのが現状です。

②典型的なセクハラの発言と行動

　以下のような発言や行動は、典型的なセクハラに該当します。

【具体的な発言例】

・スリーサイズを聞くなど身体的特徴を話題にすること
・卑猥な冗談を交わすこと
・体調が悪そうな女性に「今日は生理日か」「もう更年期か」などと言うこと
・性的な経験や性生活について質問すること
・性的なうわさを流したり、性的なからかいの対象とすること
・「男のくせに根性がない」「女には仕事を任せられない」などと発言すること
・「男の子」「女の子」「僕、坊や、お嬢さん」「おじさん、おばさん」などと、人格を
　認めないような呼び方をすること

【具体的な行動例】

・ヌードポスターなどを職場に貼ること
・雑誌などの卑猥な写真・記事などをわざと見せたり、読んだりすること
・職場のパソコンのディスプレイに猥褻な画像を表示すること
・身体を執拗に眺め回すこと
・食事やデートにしつこく誘うこと
・性的な内容の電話をかけたり、性的な内容の手紙、Eメールを送りつけること
・身体に不必要に接触すること
・更衣室などをのぞき見すること
・女性であるというだけでお茶くみ、掃除、私用などを強要すること
・女性であるというだけの理由で仕事の実績などを不当に低く評価すること
・性的な関係を強要すること
・職場の旅行の宴会の際に浴衣に着替えることを強要すること

出張への同行を強要したり、出張先で不必要に自室に呼ぶこと

住居などまでつけ回すこと

カラオケでのデュエットを強要すること

酒席で、上司のそばに座席を指定したり、お酌やチークダンスなどを強要すること

セクハラに関する裁判例

手相を口実、女性に触れたのはセクハラ、慰謝料の支払いを命じる（2021年　札幌高裁）

　役場の事務員だった女性が、職員の男性からセクハラを受けて退職に追い込まれたとして、男性職員に慰謝料などを求めた裁判です。裁判所は、手相を見ることを口実に女性の手を触ったのはセクハラにあたると認め、男性に慰謝料の支払いを命じました。

　男性職員は、女性に手相を見せてくれるように頼み、手を指でなぞったとのことです。「原告は触られることを承諾しておらず、法的に保護された利益を侵害された」として不法行為が認定されました。

　また、この男性が約3か月間にわたりメッセージアプリでハートマークなどを女性に送り続けていて、裁判では「社会通念上、相当な範囲を逸脱している」と指摘されました。

上司からのセクハラ被害、国に賠償命じる（2022年2月　旭川地裁）

　国の建設部の契約職員の30代の女性が、50代の男性上司のセクハラ発言でうつ状態となり、その後の職場の調査も不適切だったとして、男性と国に慰謝料などを求め、裁判ではセクハラと認定され、国に約22万円の支払いを命じました。

　女性職員は事務所に1年契約で勤務していました。市内であった事務所の懇親会で、上司の男性から「彼氏いるの」「ラブホテルに行ったことあるの」

などと聞かれました。さらに、男性は同僚らとの会話で、女性について「そういうことは、車の中でちゃっちゃと終わらせるタイプかもよ」などと発言していました。

　女性はその後、胸が苦しくなり、うつ状態と診断され、契約を更新できずに退職しました。女性はこの発言を担当部署に訴えましたが、言動の一部しかセクハラと認められませんでした。このため、女性は男性に対して損害賠償請求訴訟、国に対して国家賠償請求訴訟を起こしていました。裁判で男性は「記憶がない」と主張していましたが、「女性の説明が一貫しているのに、男性の供述が変遷するなど信用できない」などと指摘をされました。

3. モラルハラスメントについて

①モラハラの概要

　モラハラとは、主に言葉や態度によって、巧妙に人の心を傷つける精神的な暴力のことを指します。身体的暴力だけでなく、無視などの態度や人格を傷つけるような言葉など、精神的な嫌がらせ、迷惑行為を含みます。加害者は無意識に相手を支配下に置きたがることも特徴です。陰湿に行われ、被害を受けた人が「自分が悪いかも」と思うこともあります。

　もともと、モラハラはフランスで提言された言葉で、家庭内や恋人、パートナーへのハラスメントを含む最も広い意味合いを持つものです。職場でのハラスメントというと、上司から部下へ行われるものをイメージする方が多いと思いますが、それだけでなく後輩、同僚同士、時には部下から上司など様々な関係で起きるのをモラハラとも呼んでいます。また、パワハラとモラハラは明確に線引きができないものでもあります。

②典型的なモラハラの具体例

　モラルハラスメントは支配的な加害者の性格、かつ周囲も巻き込まれていることが多く、モラハラが起きていることが、わかりにくいだけでなく、被害を受けている本人ですら気づいていないこともあります。典型的なモラハラの具体例は以下のとおりです。

●無視や仲間はずれ

　あいさつをしても返事がない、職場の同僚の集まりから排除されるなどです。回覧が回ってこない、必要な連絡事項を伝えないこともモラハラに当たります。

●理不尽な言動

　相手の話を聞かずに自分中心に指示をして、相手を混乱させることもモラハラに当たります。例えば、「会議があるので、○○のデータをすぐにまとめてください」と言ったのに、相手がそれを始めると「なにやってるの！　こっちの仕事が先でしょ！」と言ったりすることです。教えずに仕事を頼んでミスをさせて、「どうしてそんなこともできない！」などと言う行為もモラハラに当たります。

●必要な情報を与えない

　相手に対し仕事をする上で必要な情報を与えず、仕事ができずに困らせることもモラハラに当たります。資料や情報を与えない、打合せの連絡をその人にだけ伝えないといったケースもあります。

●能力より下や上の仕事をわざと指示する

　相手の能力より、わざと低いレベルの雑用をさせたり、到底無理で、教えてもらってもいないベテランがするような仕事をさせることもモラハラに当たります。

●噂話や悪口を言う。皆の前でその人を陥れるようなことを言う

　陰でその人の悪口や陰口、悪い噂話をすることもモラハラに当たります。相手の方を見て、集団でコソコソ話をしたりすることも大変苦痛な思いをもたらすものです。

　皆の前で、相手に「俺がそれをするの？　君、何様？」などと言ったり、ため息をついたりするような相手を見下すようなケースもあります。

・プライベートに介入する

　プライベートに介入して、仕事とは関係のない連絡をしょっちゅうしてきたり、休日に連絡をしてくるケースもモラハラに当たります。

　モラハラとパワハラは似ているところがありますが、モラハラの加害者は時には親切になったり、時には冷たくなったりするなど、対人関係の不安定さが影響しているのも特徴です。被害者が必要以上に相手に気を使いすぎてしまうことも、ままあります。

4. そのほかに知っておきたいハラスメント

○マタニティハラスメント（マタハラ）

　最近になって社会的な関心を集めているマタハラは、「男女雇用機会均等法」や「育児・介護休業法」で禁止されている行為です。マタハラとは、妊娠・出産したこと、産前産後休業または育児休業などの申し出をしたこと、または取得をしたことなどを理由とした、①解雇その他不利益な取り扱い、②上司や同僚による嫌がらせのことを言います。

　具体的には妊娠や出産をする人を辞めさせたり、降格させたり、育児休業を取らせなかったり、時短勤務中の人がいづらい雰囲気をつくることです。女性だけでなく、男性に対する言動もマタハラに該当することがあります。例えば、育児休業の申告をした人に、「男性は育休を取れません」と言うことも違法になります。

　会社として産前産後休業、育児休業制度がきちんと運用できているか確認し、もし未整備であれば早急に制度をつくることが必要です。

○ケアハラスメント（ケアハラ）

　介護にかかわるハラスメントです。介護休暇を取らせなかったり、介護をし

いる社員にいやみを言ったり、いづらい雰囲気をつくることなどがケアハラに当たります。

　被害者の年齢が高いことも多く、何も言わずに退職してしまうこともあります。隠れているハラスメントとも言えます。

○アルコールハラスメント（アルハラ）

　お酒の強要にかかわるハラスメントです。お酒が苦手な人に無理やり飲ませたり、一気飲みをさせたりすることは、命にもかかわる危険な行為です。アルコールの場での暴言もアルハラです。

○スメルハラスメント（スメハラ）

　臭いにかかわるハラスメントです。体臭、整髪料、香水などで相手に不快感を与えるものです。ただし、注意や指導をするときは、その人格を否定せず事実について話し合うことがポイントです。

○リモートハラスメント（リモハラ）

　リモートワーク上でのハラスメントです。在宅勤務中、上司からの連絡に即レスポンスをしないと「辞めたのか？」等と嫌味を言われたり、リモート会議で家族を見せろと言われたりすることなどがリモハラにあたります。他人の目が届きにくく、エスカレートしやすい傾向があります。

5. パワハラ防止対策のために求められる措置

　パワハラ防止対策は2020年から大企業、2022年4月から中小企業にも防止対策が義務化されています。つまり、すべての企業においてパワハラ防止対策は必須であると考えてください。

　求められていることは、

(1) 事業主の方針の明確化及びその周知・啓発

パワハラ防止の方針を防止規定で明確にして、研修等でそれを周知すること
が必要です。

(2) 相談に応じ、適切に対応するために必要な体制整備

相談窓口を設置し、その担当者が、相談に応じ、適切に対応できるようにする
必要があります。

(3) 職場におけるパワーハラスメントに係る事後の迅速かつ適切な対応

相談があった場合、事実関係を迅速かつ正確に確認して、適正な対処を行う
こと、再発防止に向けた措置、例えば再度職場への周知啓発を行うなどが求め
られています。

そして、相談者のプライバシーの保護はいうまでもありません。

第 3 章

ハラスメント防止のための社内環境整備

　ハラスメント防止は、もちろん一人ひとりの心がけも重要ですが、会社全体として取り組んでいくことが大切です。そもそも経営者がハラスメント対策は必要ないと考えていたら、社内の環境整備は一向に進みません。だからこそ、経営者自らが、パワハラやセクハラなどのハラスメント対策を身近で最重要な経営課題として捉えることが求められているのです。ハラスメント防止のためには、まずは経営トップの意識改革が重要だということを理解してください。

　本章では、ハラスメント防止のための社内の環境整備について、ステップアップ形式でわかりやすく説明していきます。

ステップ1　　経営者がハラスメントを理解する

　前述のとおり、まずはハラスメントについて経営者がしっかりと理解をすることが重要です。ハラスメントが会社組織にとって大きなリスクであること、そして一人ひとりが生き生きと働ける活力ある職場づくりのためにハラスメント防止が重要な課題であることを理解しましょう。

　もし、実感がわかないときは、職場全体でアンケートを取る、あるいは社員面談をしてみるのが効果的です。社員の声を聴くことにより、よりよい環境づくりに向けた方向性が定まるはずです。

○アンケート調査のポイント

　具体的に、どのようなアンケート項目を作成すればいいか、悩まれる方も多いかもしれません。厚生労働省では、「あかるい職場応援団」の中で「パワーハラスメントに関するアンケート調査」(https://www.no-pawahara.mhlw.go.jp/jinji/download) を公開しています。ぜひ、参考にしていただきたいと思います。

このアンケート調査は、社内におけるパワーハラスメントに関する従業員の意識や実態を把握して、パワーハラスメント防止対策を検討し、取り組んでいくために実施するものです。個人の特定や被害の事実を調べる目的ではありませんので、安心して率直な回答をいただくようお願いいたします。

Q1 性別 ・男性 ・女性		Q2 雇用形態 ・正社員 ・正社員以外
Q3 年齢層　　10代 ・20代 ・30代 ・40代 ・50代 ・60代以上		

Q4 パワーハラスメントという言葉を知っていますか。

　・言葉も内容も知っている

　・言葉は知っているが、内容はよくわからない

　・知らない

Q5 最近1年間において、社内で次のような言動・行為がありましたか。

　①身体を小突く、ものを投げつける

　　・されたことがある　・したことがある　・見聞きしたことがある　・ない

　②人前での感情的な叱責

　　・されたことがある　・したことがある　・見聞きしたことがある　・ない

　③人格否定や差別的な言葉による叱責

　　・されたことがある　・したことがある　・見聞きしたことがある　・ない

　④性格や容貌などへのからかいや非難

　　・されたことがある　・したことがある　・見聞きしたことがある　・ない

　⑤悪質な悪口や陰口

　　・されたことがある　・したことがある　・見聞きしたことがある　・ない

　⑥挨拶や話しかけを無視

　　・されたことがある　・したことがある　・見聞きしたことがある　・ない

Q14 その他、パワーハラスメントについてご自由にお書きください。

出典：厚生労働省「あかるい職場応援団」

○社員面談の実施のポイント

　社員面談によって、直接話を聴くことも重要です。面談を実施するに当たり、まず経営者は面談の目的を社員に明確に示してください。あくまでも職場環境をよりよくするための面談であって、社員の評価が目的ではないことを理解してもらうのです。具体的には、以下のような言葉で伝えてください。

　「よりよい職場環境づくりのために、従業員のみなさんの率直な声を聴いています。職場環境や人間関係で気がかりなこと、改善すべき点など、何でもいいの

で話してもらえますか?」

　実際に面談を進める際には、公平に聞き洩らしがないように以下のような手
元用メモを準備しておくことです。そして、社員から耳の痛い苦言があったら、
それをしっかり受け止めるのが経営者の仕事です。

〈手元用メモ〉

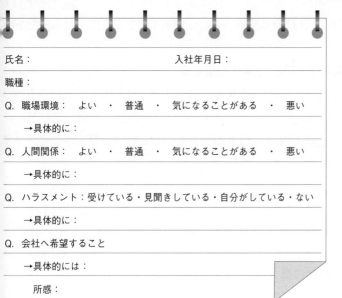

氏名:　　　　　　　　　　　　　入社年月日:

職種:

Q. 職場環境:　よい　・　普通　・　気になることがある　・　悪い

　　→具体的に:

Q. 人間関係:　よい　・　普通　・　気になることがある　・　悪い

　　→具体的に:

Q. ハラスメント:受けている・見聞きしている・自分がしている・ない

　　→具体的に:

Q. 会社へ希望すること

　　→具体的には:

　　所感:

ステップ2　　**社員に向けてメッセージを送る**

　さて、経営トップがハラスメントについて理解をしたら、社員へ向けてメッセー
ジを発信しましょう。ハラスメントの防止が、会社としての方針であることを明
確に伝えるのです。朝礼や会議で伝えると同時に、文書としてもメッセージを出
しましょう。人は忘れやすいものです。事務所のわかりやすいところに、メッセー
ジを貼り出しておくのも効果的です。

　なお、メッセージの内容は会社を守るためではなく、社員の安全安心のためで

あることを前面に押し出したものにします。具体的には、以下のようなわかりやすい文章で示すのです。

「従業員の皆さんが安全安心に働くために、一人ひとりでハラスメントを防止することが大切です。○○○（企業名）はハラスメントを許しません。お互いを思いやり、助け合いの気持ちを持って、働きましょう。もし、ハラスメント行為と思われることがあれば、社長の私や担当の○○さんに、すぐに相談してください

ステップ3　ハラスメント防止規定を策定する

次に、ハラスメントについての防止規定を策定します。特に、セクハラとマタハラについては法律上必須ですので、社内の規定をこの機会に確認してください。パワハラについても、前述の厚生労働省の動きを受け、規定を策定することが必要と考えてください。

なお、就業規則にハラスメント防止について一文記載するのも方法ですが、さらに詳しくどのようなことがハラスメントに当たるのか、下記のように独立させて規定をつくる方がよりわかりやすいでしょう。

【ハラスメント防止規定の具体例】

（禁止事項）

1. すべての従業員は、職位や役職あるいは雇用形態、もしくは性別や年齢など属性に関係なく、他の従業員に対して尊敬の念をもって接し、職場における良好な人間関係ならびに協力関係を保持する義務を負うとともに、職場内において次の各号に掲げる行為をしてはならない。
　①侮辱的な言動や嫌がらせ、乱暴な言動、噂の流布などにより職場環境を悪化させたり、身体的精神的に傷つける行為
　②相手方の望まない性的言動により、他の労働者に不利益を与えたり、就業環境を害すると判断される行為

---

③不当な人事、解雇、配置転換など不利益を与える行為や、雇用不安を与えるような言動

　④従業員の就業意欲を極端に低下させたり、能力の発揮を阻害するほどの叱責や指導もしくは教育

　⑤本人が嫌がっているにもかかわらず、集団で一人の従業員を馬鹿にしたり、侮辱したりする行為

　⑥その他、他の従業員に不快感を与える行為

2. 上司は、部下である従業員がいじめを受けている事実を知りながら、それを黙認する行為をしてはならない。

（懲戒）

　上記に掲げる禁止行為に該当する事実が認められた場合は、就業規則○条で定める懲戒規定を適用する。

ステップ4　**相談窓口を設置する**

次に、相談窓口を設置します。やはり、セクハラとマタハラについては、相談窓口の設置は法律上必須です。さらに、今の時代は、パワハラなどハラスメント全体の相談窓口の設置が、会社の規模の大小にかかわらず求められていると考えます。

ハラスメントによって社員がメンタル不調になった場合は、その対応も必要です。そこで、会社の産業医、健康管理スタッフとの連携が重要となります。法定上、産業医や健康管理スタッフを設置しなくてもよい場合は、経営者が気軽に相談できるクリニックやドクター、カウンセラー、弁護士などと知り合いになっておくことです。

○相談窓口担当者の役割

相談窓口で大切なことは、相談者に不利益がなく、守秘義務をしっかりと守り、

相談者の意向を確認しながら中立公平に対応していくことです。社内の担当者は人事や総務担当者だけではなく、各職場で信頼される人（例えば、ベテランの職長など）を任命してもよいでしょう。

また、社内では相談しづらいという声もあるはずです。そこで、必要に応じて社外の相談窓口の設置も検討しましょう。

そもそも、社員が相談窓口の存在や設置目的を知らなくては意味がありません。そこで、窓口に関する広報活動をしっかりと行うことです。前述のメッセージのように、職場内にポスターを貼ることも効果的です。

ステップ5　継続的に「ハラスメント教育」を実施する

社員の理解を深めるため、ハラスメントに関する教育を継続的に実施することも重要です。教育は、まず経営層および管理職から実施します。また、一般社員同士のハラスメントも実際には起こり得るので、階層別に全社員に対し行ってください。

全社員で集まっての研修会の開催も、会社としての一体感や社員の安心感を生むことにつながります。最近はeラーニングなどの便利な手法もありますが、ハラスメントが起こる根底にはコミュニケーション不足やコミュニケーションエラーがあります。だからこそ、全社員が集まる研修会をフェイストゥフェイスでハラスメント防止について話し合えるよい機会と位置づけましょう。

第4章

ハラスメントが発生した際の正しい対処法

1. 相談対応の際の心構え

　部下から、ハラスメントの相談を受けることがあるかもしれません。最初から「ハラスメントである」と相談にくる場合もあるでしょうし、「仕事上の悩み」や「人間関係の悩み」といった形で相談がある場合もあるでしょう。「周囲にハラスメントがある」といった相談もあるでしょう。いずれの場合でも、まずは相談者の話をよく聴くことが大切です。「大げさなことを言っている」や、「そのくらい……」などの決めつけは厳禁です。

【相談対応の基本的な流れと留意点】

　相談対応の基本は、相談者の「相談」に応じ、必要な助言・指導を行うことです。対応が必要な場合は、相談者の意向を尊重しながら対応し、相談者のフォローを行います。多くの相談者は様々な不安を抱えながら、相談をしにきます。

　自分がハラスメント行為を受けた場合や職場でハラスメントがあった場合には、相談者自身が強いストレスを感じていることが多くあります。相談者の立場に立って、相談者の話に真摯に耳を傾け、相談者の気持ちを理解したうえで内容を受け止めるといった基本を忘れないことが大切です。相談対応の際の留意すべき具体的なポイントは、以下のとおりです。

①相談者との信頼関係を構築

　当たり前のように思われるかもしれませんが、日常の業務に追われる中、ふいに相談があると業務を中断されて面倒に思ったり焦ってしまったりと、どうしても「相談者の立場に立って考える」ことを忘れてしまいがちです。ハラスメントの相談に限らず、日常的に「相手の立場に立って考えること」を心がけるようにしましょう。そのことが、相談者との信頼関係の構築につながります。

②相談者の話を傾聴する

　相談者は、言いにくいことについて、言葉を選びながら語る場合が多く、相談者にゆっくり考える余裕を持たせながら、後からついて行くつもりで進めます。結論を先に急ぐと相談者は事務的に対応されている、面倒くさいと思われていると感じ、担当者への信頼を失い、結果的に問題がこじれることにもなります。解決ありきではなく、まずは何でも言える雰囲気をつくることに力を注いでください。解決策を一緒に考えるというスタンスで取り組むことです。

　そして、相談者の心情、次に相談者がハラスメントだと感じている状況、相談者としてどうしたいのかを聴いていきます。やはり、「傾聴」を意識しながら進めていくことがポイントです。

③相談者の同意を得て対応を進める

　相談があったからといって、勝手に相手方へヒアリングしたり、全体ミーティングなどをすることは避けなくてはなりません。対応をする場合には、相談者の同意を得て進めます。ただし、相談者の体調面や深刻な問題であると判断される場合には、組織として緊急の回避策を取ることもあります。

④一人で抱え込まず専門家に相談する

　相談対応は、実際には難しいことが多々出てきます。判断に悩む場合は、専門家や公的機関の担当者に相談することも大切です。そうすることによって、トラブルに発展することを避けることができます。

2. よい相談対応と悪い相談応対

　例えば、以下のような相談があったら、あなたならどうしますか？

相談内容

　Gさんは、先輩のHさんからのいじめ行為に悩んでいます。Gさんの行動や、行った仕事をすぐにチェックして、小さなミスを拾い出し、逐一指摘をしてきます。さらに、Hさんは同僚に「Gさんは要領が悪いし、給料分の仕事をしていない」と言っているようです。でも、Gさんは同僚とは仲良くしているし、仕事はしっかりとしているつもりです。本当はHさんに言い返したり、誰かに悩みを相談したいのですが、我慢していました。Gさんはもう会社を辞めようと思い、それならとあなたのところに相談にきました。

【悪い相談対応】

●悪い態度

- 相手を見ない
- 相手が萎縮するような冷たい表情
- そっくり返るなどの上から目線の態度
- 記録を取らない

●悪い言葉

- 気のせいじゃないの？
- いやあ、Hさんは頑張り屋さんだよ
- Gさんに足りないところがあるんじゃないかな？
- まずは自分からもっとコミュニケーションを取っていこう

　勝手な決めつけや安易な助言はタブーです。信頼関係が築けないと、担当者からの提案も拒絶され、問題がさらにこじれることになります。

【よい相談対応】

●よい態度

- 相手を受け入れる温かな態度

・相手を見る（ただし、じろじろとは見ない）

・相手に寄り添うように、真正面ではなく少し斜めに座る

・了解を得て記録を取る

②よい言葉

・プライバシーを守って話を聞きますので、何でも話してください

・話をしてくれてありがとうございます

・嫌な思いをしたのですね

・あなたはどうしたいと思っていますか？

　よい相談応対の進め方のポイントは、以下のとおりです。

　まず、Ｇさんが勇気を持って相談してくれたことを労います。そして、Ｇさん は会社を辞めようと考えるほどの思いをしているので、急いで事実関係を確認 しようとせず、起きた出来事やＧさんの気持ちなどをゆっくりと聴いていくこと です。というのも、Ｇさんがあなたに話をして心からよかったと思えるかどうかが 問題解決の大きなポイントとなるからです。

　話を聴いていくと、さらに様々な事実が出てくる可能性があります。そのため、 できる限り時系列で事実を確認していくことが重要です。Ｇさんとの信頼関係の 構築に努めつつ、このようなことが起きたのはいつからか、何かきっかけがある のか、ほかに気になることはあるかなどを丁寧にヒアリングするのです。

　ハラスメント的な言動が事実である場合は、Ｈさんに対し厳重な注意を行う 必要があります。ただし、Ｈさんが逆上してしまう可能性もあるので、場合によっ ては緊急避難で両者を引き離さなければならない状況も起こり得ます。

　その他に重要なことは、必ず記録を取ることです。記録は、聴いた事実と聴い て感じた所感を分けておくのがポイントです。また、前述のように、相談を受け た担当者は一人で抱え込まず、ヒアリング後、弁護士やコンサルタントなどの専 門家に相談をすることも大切です。

第 5 章

あなた自身が加害者にならないために

■. 自分自身の「判断基準」を持つこと

　まずは相手や周囲に不快感や威圧感を与えているかどうかを、具体的にイメージするのがよいでしょう。セクハラについては、比較的軽微な冗談や食事への誘いかけ、軽いボディータッチ、勝手に上司が部下に恋愛感情を抱くなど、グレーゾーンについての判断は微妙です。パワハラはもともと指導教育とパワハラの線引きが難しく、一層判断は微妙です。ただし、裁判例がセクハラもパワハラも積み重なってきて、職場でのセクハラやパワハラの懲戒事例も蓄積されてきましたので、どのような言動が問題となるかは、前よりは予測が容易になってきました。
　もちろん、すべての判例に精通するのは難しく、やはり何らかの形で自分自身の中で尺度（ものさし）を持つことが重要となります。

○自分の大切な人が被害者だったら…

　自分の親しい関係者（妻や夫、恋人、娘や息子、友人など）がその行為をされたら、自分がどう考えるかをイメージしてみましょう。例えば、自分の娘が同僚と酒を飲みに行って、カラオケでデュエットをしている場面を想像してください。同僚が自分の娘の体を触ったり、頬を密着させる状況をイメージすると、不快だと感じるのではないでしょうか。
　また、自分の息子が職場で皆の前で上司から罵倒され続けている様子をイメージしてみましょう。毎日毎日、深夜残業。疲れきって帰ってきて、何も言わない息子。心配して尋ねてみても「そういう会社だから仕方がない……」と答えてくれず、顔色も悪い。あなた自身も部下にそのような行為をすれば周囲の人の目にはハラスメントと映る可能性が高いのですから、避けるべきでしょう。
　こういったイメージは、主観的な価値基準ですから絶対ではありません。しかし、具体的なイメージをしやすいという点でわかりやすい基準となります。

自分がしている行為が、インターネットに掲載されたとイメージをして、その状況を堂々と説明できるか否かでも判断ができるでしょう。先ほどのカラオケでデュエットをする状況を考えた場合、デュエットそのものは社内の懇親をはかる目的と説明しやすいかもしれませんが、体を密着させている、頬にキスをしたりするなどの行為は、果たして家族を納得させる説明ができるでしょうか。

　職場で部下を罵倒したり、詰問している場面も、「業務の問題点について指導をしている」と理由は説明できるでしょう。ただ、感情的になっている表情やいかにも理詰めで問い詰めている様子を、客観的にあなたが見たらどう思いますか。少しでも恥ずかしい、まるで週刊誌に載っている事件のようだという感覚が生じたら、避けるのが賢明です。

　何が違法かという判断よりも、自分の心の中を見つめて基準を持っておくことです。そのことが、上司、管理職としての基本的な資質を高めていくことにつながります。

2. 変化する「時代感覚」をキャッチする意識が大切

　「指導のつもりだった」「ハラスメントのつもりではなかった」というのは、ハラスメントをしている人からよく聞かれる言葉です。本人は無意識だったり、軽い気持ちで言ったりした言葉が、相手の受け止め方次第で深刻なハラスメントになってしまうこともあります。ですから、普段から自分の言動が相手を傷つけていないか気をつけ、変化する「時代感覚」をキャッチする意識が大切です。

　また、暴力行為や暴言などの明らかなパワハラはわかりやすくても、「言い方がきつい」「一方的である」など、指導かパワハラなのか境界線を引くのが難しいグレーなハラスメントも多くなっています。

　経営者、管理職などは、コミュニケーションにより一層気をつける必要があります。そして、自分のハラスメントに気づいたり、指摘を受けたら謝る、二度と同じことはしないことです。しかし、経営者や上司になかなか進言してくれる人

いません。自分から「ハラスメントのような言動があったら、知らせてください」
と部下に伝えておくことも大切です。

ときには正しく「叱る」ことも大切

　一方、最近よく聞かれるのは「パワハラだと言われたら怖いので、部下への指
導がしづらい」「叱れない」「厳しく言えない」という声です。しかし、会社の中で
同じ目標に向かって業務を遂行する中でときには、「叱る」ことも必要なのです。
　ただし、叱る場合は「行為を叱って人を叱らず」を心がけましょう。「ダメ」と
言う言葉を使ってはいけないでしょうか？　決してそうではありません。「だか
らお前はダメなんだ」という言い方はその人の全否定につながってしまいますが、
「○○（具体的な行為）をしてはダメだよ」「○○はダメだ」と伝えることはパワ
ハラではないのです。むしろ、問題があるときは、しっかりと叱ることが大切です。
　そして、具体的な改善策をともに考えましょう。ただ、そのときには正すべき
"行為"を明らかにして、それについて指導をすることを心がけてください。気を
つけたいのは、たとえば遅刻を直してほしいのに、「遅刻を繰り返すようなお前
はダメなやつだ」と人格を否定することです。言われた部下は「ダメなやつ」と
いう言葉に傷つくだけで、もっと悪くすると「どうせ自分は必要ない人間なんだ
から」と遅刻を改善する気力もなくなります。
　叱るときは、まずは「遅刻はルール違反だよ」と、問題の行為をシンプルに伝
えて、さらに「遅刻を繰り返すわけを教えてくれないか？」と相手の言い分に耳
を傾けましょう。もしかしたら「朝起きられない」というような、「何を言ってる
んだ、社会人なのに」と思うような内容であっても、辛抱強く聴きましょう。
　その上で「朝早く起きるためにできることは何か」という具体的な提案をして、
一緒に考えていきます。そして、遅刻をしないためにできることについて、改善策
を決めて、約束をしてもらいましょう。あとは実行、それを確認していきます。問
題行動の改善については一方的な上司からの提案よりも、部下と一緒に検討した
改善策なら、部下にも責任が生じますから、具体的な行動につながりやすくなります。

〇人によって態度を変えないこと

　人によって態度を変えないことも大切です。叱るときは、誰に対しても落ち着いて毅然として対応する必要があります。部下の中には「自分の希望が通らないのはパワハラだ」「厳しく言われた。パワハラだ」と考える人もいますが、基本的には部下は会社や上司の指示に従う必要がありますから、そういった考えの人にはじっくりと話し合いの場を持つことが必要です。

　そして、本人が納得できるように説明をすることです。叱られた内容について部下自身が「自分にとって大切なことだ」と納得できなければ、向き合うことは難しく、変化も起きません。その人の将来にとってどのような意味があるのか、その行為がどのような悪影響を及ぼすのかを考えさせるために、具体的な事実をもとに、本人が納得できるような説明やヒントを提示しましょう。

　叱るのは、部下が自分自身の行動にしっかりと向き合うためです。まずは温かく見守り、部下が安心して自分を見つめることができ、変化へのチャレンジを決意し、実行できるようなかかわりを心がけてください。

指導できずに困っていませんか？
～部下への指導の仕方の工夫～

パワハラ防止が必須の今、指導に悩む上司も増えています。
伝え方の工夫をして、しっかりと部下育成のための指導をしましょう。

〈自他尊重の伝え方〉
自分の相手への要望や要求を相手も尊重しながら伝えてみましょう。

何を伝えるか ＜ どう伝わったか を意識してみましょう。

〈伝え方参考例〉
① 初めに感情を抜きにして、事実（現状）はどうなのかを伝える。
   「今このような状況で」
② その事実に対して、自分はどう思っているのか気持ちを伝える。
   「気がかりに思っている」
③ これから、どうなればいいと思っているのか要望を伝える。
   「○○ができるようになってほしい」
④ 自分にも相手にもプラスのゴールイメージを伝える。
   「私も助かるし、あなたも成長する」
⑤ そのために、どんな選択肢があるか提案する。
   「こうやってみてはどうだろうか？」

〈「私は」を主語に伝えてみる〉
　「だから、お前はダメなんだ！」「なんで君はできないんだ！」と「あなた」を主語に言われると相手は追いつめられやすくなります。
　「私は」を主語に伝えてみるのも方法です。

　「私は」を主語に
　　参考例：
　　「なんで、お前はいつも苦手なことを後回しにするんだ！」
　　　→「私は、○○を早めにやってほしいんだ。」
　　　　「苦手は早めに取り組んでみたほうが、後が楽になると私は思うよ。」

第6章

建設現場のハラスメント事例

休日の勉強会の参加は手当てが出ない？
休日や時間外の勉強会の強要はパワハラです！

　この職場では、資格を取得して、よりスキルを高めることが求められています。その資格を取ってもらうために、職長Bさんは、部下Aさんに「おい！　この勉強会に出ることは必須だからな！」と指示をしました。確かに必須ではありますが休日の勉強会です。職長にAさんが、おそるおそる休日出勤扱いになるのか尋ねたところ、「そんなわけないだろ！俺は自腹で取得したんだぞ！」と言われてしまいました。疑問に思いながらもAさんは勉強会に参加をすることになりました。

対策

　建設の現場では様々なスキルが求められ、資格を取ることが必要な場合もあります。上司や会社から仕事で必要な免許や資格を取得するように勧められることがあります。特に、専門的な技能や技術を使う業界ではこの傾向が強くあります。様々な研修への出席を命令し積極的に免許や資格を取得させる会社もあるでしょう。

　もちろん、免許や資格は働く人個人の能力向上にもなるので、働く人にもメリットがあります。寄与するため、それを取得することによって労働者自身が大きな利益を受けることは間違いありません。ただ、上司や会社の指示で取得をするということなら、費用負担は会社側になりますし、休日での勉強会なら、当然休日出勤扱い、手当てや振り替え休日も必要です。「自己研鑽のためだ」と自費で、自分の時間を使わせるのはパワハラになります。

♪と言

アドバイス

　自分がそうしてきたから、当然部下も同じようにすべきだ。本当にそうでしょうか。会社として職場として必要な勉強は、会社や職場が時間や費用を担うべきものです。

思わず口走ってしまった 「バカヤロー！」は NG

　建設ラッシュで、A職長は忙しい毎日を過ごしています。人手も足りず、少し叱ると辞める人も多く、A職長のイライラは募っています。最近、新しく入職した若手のBさんはおとなしく、動きも悪く危険を感じることが多々あります。あるとき、Bさんが工具を落としそうになるという大変危険な行為をしました。A職長はカッとなり、皆の前で「バカヤロー！　何やってんだ！もうお前はいらない！」と大声で怒鳴りました。次の日からBさんは現場に来なくなりました。他の社員も辞めると言い出し、A職長は悩んでいます。

対策

　「バカヤロー」は暴言です。ミスが許されない現場で起きやすいのは、ミスをする人を厳しく注意をする、行きすぎた言動です。指導する側はハラスメントをしようとする気持ちではなく「ミスは絶対に許されない」という信念をもとに指導しているケースが多いようです。

　けれども、皆の前で大声で怒鳴ったり、説教をしたりすることは、相手に必要以上の負担をかけることになり、パワハラになります。特に「バカヤロー！」「死んでしまえ！」「小学生以下だ！」というような発言は、明確なパワハラです。そして、その悪影響は周囲の部下にも及んでいき、人材が定着せずどんどんと辞めてしまう原因となります。

♪と言

アドバイス

　冷静に伝えましょう。上司は、一方的に怒鳴りつけるのではなく、相手の言い分も聴いた上で、どうすればミスがなくなるか、どのような点に気をつけたらよいのか、感情的にならずに具体的に伝えることがポイントです。

真面目な部下に根性論で追いつめることはパワハラになる可能性大！

　新入社員のAさんはまじめで几帳面な性格です。ただそんな自分に自信が持てず、上手くできないことがあるときは、繰り返し何度も同じ作業を繰り返します。そのため時間内に仕事が終わらないこともあります。職長のBさんは、そんなAさんを見るとイライラしてきて「俺が若い時はすぐにそのくらいできたぞ！　根性が足りないからだ！　だからお前はダメなんだ！」と怒鳴ります。そのように怒鳴られると真面目なAさんは余計に自信がなくなり、ますます仕事が上手く進まなくなってしまいました。納期に間に合わせるために、職長はますますAさんを怒鳴るようになりました。Aさんのストレスはどんどんと溜まるばかりです。Aさんの残業も多くなり、とうとうAさんは出勤できなくなってしまいました。

対策

　人によってタイプは違います。この事例の A さんは一見仕事が進んでいないように見えるかもしれませんが、地道に繰り返すことで仕事を覚えていくタイプです。それに気づかず上司が持論を押し付け、また根性論を押し付けても、具体的に指導をしなければ新入社員が技術を身に着けることは難しいでしょう。また、怒鳴りつけることは特に若手社員を委縮させるだけで、場合によってはメンタル不調や退職をしてしまうこともあります。A さんの仕事の進め方によって残業が増えるようなら、職長や現場のメンバーが具体的に作業をサポートすることも必要で、「怒鳴る・人格否定＋長時間労働」は典型的なパワハラ問題と理解をして、相手の目線に立った指導を心がけましょう。

ひと言

アドバイス

　根性論は通用しません。自分の価値観ではなく相手に歩み寄り、具体的に指導をしましょう。

昔気質の職人の「背中を見て覚えろ」も実はパワハラ

見て覚えろ！盗むもんだ！

あの……

　最近、入職した若手のAさんは、皆が自分に仕事を教えてくれないことに悩んでいます。特にベテラン作業員のBさんは仕事ができ、色々なことを教えてほしいとAさんは思っています。

　でも、Bさんは話しかけづらい雰囲気で、質問や相談はできません。Aさんは何とか、Bさんのまねをしながら少しずつ仕事を覚えていきました。でも、BさんはAさんが仕事を完了させても何も言ってくれず、それでよいのか、分かりません。あいさつに返事もしてくれず、Bさんに無視をされていると感じています。

対策

　現場では今も根強く「背中を見て覚えるもの」「仕事は盗んで覚える」という考え方があります。確かに見て覚えることは大切です。しかし、「教えてもらえない」「無視されている」「責任逃れ」「指導者として不適格」といった、部下にマイナス感情を与えがちです。それを「精神的な攻撃」や「無視」といったパワハラと受け止める人もいます。

　「やれ」だけではなく、なぜ必要なのか、どういった点に気をつける必要があるのか、を教える必要があります。時間がゆっくり流れ、じっくり教えることができる時代と異なり、スピードと人材の流動化が進む時代です。短時間で部下を一人前にすることが指導者には求められています。指導法を変える必要があるのです。

と言

アドバイス

　言葉で仕事内容をできるかぎり説明することで、「何を」「どのように」するべきか明確に伝わります。言葉だけで伝え切れない部分はマニュアル化するのもよいでしょう。成果や成長についても、しっかりと声に出してほめましょう。

ヘルメットの上からでも "たたく" のは暴力！

　現場監督のAさんの現場では最近、社員の不注意から事故が起きてしまい、重傷ではなかったのですが、けが人が出てしまいました。Aさんは二度と事故を起こさないようにと、「安全徹底！」と檄を飛ばしていました。その後、緊張感を持って仕事は進んでいたときに、若手社員のBさんが事故につながりかねない失敗をしました。

　Aさんは大声で「次から気をつけろ！」とBさんのヘルメットを強くたたきました。Bさんはその後も現場には毎日出勤をしていました。ある日、本社からAさんに「パワハラの訴えがあった」と言われ、厳重注意を受けることになりました。

対策

　命にかかわる現場で、残念ながら起きてしまう暴力による指導。もちろん、殴る、蹴る、たたく、けがをさせるような行為は暴力であることは誰にでも分かることです。ただ、暴力は広く捉える必要があります。

　ヘルメットの上からであればけがはないかもしれません。しかし、たたくのは暴力。相手を小突いたり、物をバンと投げつけたり、誰かに当たらないとしても物を蹴ったりすることも暴力行為です。暴力による指導は、部下に恐怖感を与え、「次、同じことをしたら、また殴られるかもしれない。怖いから絶対に気をつけよう」という心理を与えることはできるかもしれません。ただし、それが正しい指導なのでしょうか。暴力は決して許されない行為です。

と言

アドバイス

　暴力は絶対にしない、部下がするのも許さないという姿勢が大切です。「昔は当たり前だった」は、通用しません。会社としても暴力行為に対して、しっかりとした姿勢を示すことも大切です。

気に入らない部下に仕事を与えないのは上司失格です！

　Aさんは、様々な現場を渡り歩いてきている熟練の現場作業員です。今回の現場は非常に残業が多く、作業工程に非効率な点があると感じていました。もっと違うやり方があるのではと皆にも意見を聴いた上で、自主的に作業工程を作成して、B職長に提出をしました。するとB職長は作成した資料を見ず、「作業工程は決まっている。余計な事をするな！」と突き返しました。それ以降、B職長は「あいつは勝手に派閥をつくっている。ああいう和を乱すやつはいらない」と皆に言うようになりました。そのあとは、具体的な仕事を与えられず、ゴミの片づけくらいしかAさんは仕事がなくなってしまいました。

対策

　作業工程は確かにあらかじめ決められていて、それを着実に実行することが現場の作業員には求められています。ただ、本当にその作業工程が正しいのか、残業が多かったり、結局作業工程が遅れているとしたら、見直しが必要です。

　そんなときに現場作業員から提案があれば、職長にはまずその意見を聞くことが求められます。見もせずに提案を却下し、それが気に入らないということで仕事を与えないのはパワハラです。現場作業員の意見を尊重して、取り入れるべきところは取り入れる。そのような姿勢が職長はじめ上司には求められます。また、部下には能力に見合った仕事を与える必要があり、自分の感情から仕事を与えないことは許されません。

と言

アドバイス

　部下に対して、差別なくその能力や契約に見合った仕事を与える必要があります。合理的な理由がなく、部下に仕事を与えないことはパワハラに当たります。言うまでもなく、部下に「仕事をさせる」のが上司の仕事です。

指導と称して部下に過剰な仕事を押し付けていませんか？

　　A職長は若手社員のBさんのことを買っていました。きびきびといつも仕事をして、仲間との関係も良好です。建設現場の仕事にも意欲を持っていて、長く働きたいとBさんはA職長に話していました。A職長はBさんに「お前は将来、職長として皆を束ねるべき人間だ」と話をしていました。Bさんはさらにやる気が出ているようです。そして、A職長は「お前のためだ。今覚えることが必要だ」と本来は他の作業員が行うべき仕事をBさんにさせました。その結果、どんどんとBさんの仕事量は増えていきました。Bさんは負担に感じているけれどもA職長にそのことが言えず、結局Bさんは過労から現場で倒れてしまいました。

対策

　A職長がBさんに行わせていた仕事は期待してのことであったにしても、そもそもほかの人が行うべき業務であり、Bさんが体調を崩すほどの過重なものでした。過重な業務を課すことはパワハラに当たります。仕事をさせないこともパワハラになりますが、過剰に仕事をさせることもパワハラになるのです。

　業務負荷はその人の限界を超えると、ストレスとなり、結局仕事がうまくできなくなったり、最悪の場合、体調を崩してしまう可能性もあります。公平に仕事を分担することが大切です。また、部下の成長を促したいのなら、いきなり過剰な負荷ではなく少しだけ高いハードルを部下に課すこと、何より部下の健康状態に気を配ることが重要です。

と言

アドバイス

　上司には、部下の業務量を適正な範囲にすることが求められます。もっとも気をつけたいことは、部下の健康状態が悪化してしまうような負荷を与えないことです。成長のためといった上司の勝手な期待が、部下を追い詰めることがあります。

労災隠しや不正の陰に
上司からのパワハラあり！

　Aさんはある大きな現場の職長をしています。事故を絶対に起こさないようにと所長から強く言われ、日々プレッシャーを感じています。そのため、部下に声を荒らげることもしばしばです。また、部下がA職長に相談をしようとしても、打ち合わせをしているときなどは、「あとで！」と言い、結局相談に乗らないこともありました。あるときA職長は作業車両が破損していることに気づきました。「誰がやったんだ！　なぜすぐに報告しないんだ！」と部下たちを問い詰めても、誰も手を挙げませんでした。実はA職長が怖くて報告できなかったと、ある部下が会社に相談していたことを後で知り、A職長はショックを受けました。

対策

　なぜ、部下はすぐに問題が起こったときにＡ職長に相談や報告をしなかったのでしょうか。日常からパワハラ的な言動をする上司だと、部下は何か不都合なことを相談や報告をしたら怒鳴られるのではないか、もしかしたら殴られるのではないか、自分の身分がおびやかされるのではないかといった恐怖を感じ、それを隠そうとする人間心理が働いたからです。

　また、不正や手抜き作業も、会社や上司からの圧力が強すぎるときや困っていることについて相談ができないときなどに起こりやすいと言われています。パワハラは単に人を傷つけるだけでなく、職場そのものを崩壊させるということを理解してください。

と言

アドバイス

　上司からの過剰なプレッシャーやパワハラ的言動は部下を萎縮させ、報告や相談ができない空気が組織にまん延することになります。「労災隠しや不正の陰にはパワハラあり」という言葉を肝に銘じてください。

ミスをした部下に「事故発生者」という ベストを着せるのは見せしめ

　Aさんは経験が浅い現場作業員です。現場では大勢の人が忙しく働いています。Aさんは今日の業務を覚え切れないこともあります。B職長は、朝礼で「今日するべきこと、注意すること」を伝達するのですが、早口で、ときには難しい専門用語もあります。しかし「終わり。解散」で、質問もできません。

　あるときAさんは車両事故を起こしました。大事にはならなかったのですが、B職長は「記憶に残らないのなら、これを着ろ！」と言い、「事故発生者・安全点検中」と書かれ、皆と違う赤色のベストを渡されました。見せしめのような気持ちになり、Aさんは仕事を辞めてしまいました。

対策

　Aさんはゆっくり仕事を覚えるタイプで、丁寧なフォローが必要な人です。早口の一方的な朝礼だけでは、覚えられないだけでなく、混乱をしてしまう人もいます。朝礼では質問の時間を取る、他にも打ち合わせを行うなど、共有の時間をしっかりと丁寧に取ることが、結局は事故を防ぐことにつながります。

　それでも起きてしまうのが事故です。それを一人の責任に負わせ、B職長としては本人に忘れないようにさせるため、周囲へも注意喚起を促すためだったのかもしれませんが、このようなやり方は "見せしめ" というパワハラになります。再発防止のためには、本人と原因と再発防止についてよく話し合うこと、全体でも再発防止について話し合うことが必要です。

アドバイス

　ミスがあったときに、"見せしめ"にするようなやり方はタブーです。なぜそのようなミスが起きたのか、原因を考えること、個の問題と決めつけず、全体で再発防止についてできること、協力できることを話し合うことが必要でしょう。

長時間の叱責はNG！
教育的指導を逸脱していませんか

　Aさんの職場では長時間の叱責は日常茶飯事です。どんな些細なことでもB所長の勘にさわれば、事務所で皆の前で立たされたまま最低1時間、長ければ3〜4時間以上怒鳴り続けられます。これまで、突然失踪した先輩もいました。実は注意の内容はせいぜい15分もあれば十分なものばかりで、Aさんがこの間、知人に相談をしたところ、明らかに教育的指導から逸脱しているのでないかと言われました。

　かつ、長時間の叱責で業務が圧迫され長時間の残業はもちろん、ときに徹夜を強いられることもあります。Aさんは連日続くこの状況に疲弊しきっています。

対策

　長時間の叱責や説教は NG、パワハラです。一方的であれば 30 分であっても、相手にとっては苦痛なものであり、繰り返し同じことを一方的に 1 時間以上言われ続け、それが常態化していることは大きな問題です。「立たせて長時間」も典型的なパワハラです。さらに業務の遂行に問題が出て、長時間の残業が常態化する状況が続けば、疲労から大きな事故や健康被害、命にかかわる事態もあり得ます。

　叱るときは短く具体的に、皆の前ではなく、ゆっくり相手の話も聴ける場といった配慮が必要です。ただ、危険な行為につながりそうなとき、しっかりと時間を取って指導をすることもあります。しかし、指導は効果的か、感情的な指導や自己満足のための指導になっていないか、自己点検することが必要です。

ひと言

アドバイス

　上司の感情のムラを部下はよく見ています。感情任せに長時間叱責しても、残るのは上司への不快感だけ。指導にはなりません。落ち着いて具体的に短時間で、かつ部下の話もよく聴くことが上司には求められます。

ミスをした部下に命に関わる制裁！
炎天下の釘拾いや雪中の正座

　現場監督をしているＡさん。所長の社員たちへのパワハラに悩んでいます。あるときミスをした社員に「現場で釘拾いでもしとけ！」と炎天下で延々と釘拾いをさせました。その日は真夏でとても暑く、水分も摂れないその部下は、結局熱中症で倒れてしまいました。

　しかし、救急車も「会社に叱られる」と呼んでくれません。制裁は立場の弱い人に特にひどく、ミスをした若手社員に「昼食は外で正座して食べろ」と、真冬の雪の中で正座をさせていました。Ａさんは何度か所長に話をしたのですが、「命を預かっているんだ！」と言い、聞く耳を持ってくれません。

対策

　安全第一は大前提で、もちろん最重要な事柄です。ただ、事故やミスがあったとき、人の命にかかわるような危険な制裁はNGで悪質なパワハラです。炎天下の中で水も摂れない状況では熱中症になります。熱中症は死にもつながる重大な症状です。

　雪の中での正座も屈辱的なだけでなく、風邪を引いたり、病気になってしまうかもしれません。「命を預かる」立場の人は、あらゆる場面で現場の社員の命と健康を守る義務があります。

　それができない上司がいる現場では、皆のモチベーションも上がらず、退職者が続出するか、または命にかかわりかねない事故が起きてしまうかもしれません。上司の姿勢や態度で現場の安全は大きく変わることを、肝に銘じる必要があります。

ひと言

アドバイス

　部下が倒れるようなことをさせる制裁は、悪質なパワハラです。そして、その制裁により万一部下が倒れたり、けがをしたりしたら、それを隠すことは決してせず、すぐに安全な場所へ移動をさせ、治療を受けさせなければならないのは当然のことです。

部下のミスに「辞めてしまえ!」の怒号
辞められて困るのは現場です

　現場監督のAさんは1年前から団地の改修の仕事をしています。人数は数人の小所帯です。あるときAさんは小さなミスをしてしまい、B所長の逆鱗に触れてしまいました。そして「お前はじゃまだ、バカ、監督なんか辞めちまえ」と言われました。AさんはB所長に「反省はもちろんしています。ただ、そこまで言われると気持ちが折れます」と伝えました。それ以来、Aさんには「じゃまだ」の一点張りです。さらにB所長はAさんのことを現場には存在しないような態度をして、無視し続けています。あと3カ月で竣工なのですが、Aさんは心身ともにもつか、自信がありません。

対策

　期日が決められていて、なおかつ命にかかわる現場では小さなミスも見過ごしてはいけません。ただし、その指導・注意のあり方として、「辞めてしまえ」「それなら辞めろ」「じゃまだ」はパワハラになります。特に現場監督がそのようなことを言われていたら、現場作業員との信頼関係にもひびが入り、現場作業員は現場監督のことを信頼しなくなるかもしれません。

　さらに、無視もパワハラです。所長が小さなミスを正すこと自体は、パワハラではありません。やり方の問題です。ミスの原因を当事者と一緒に解明して再発防止のため皆で共有をすること、その上で当事者のモチベーションが上がるような声かけやコミュニケーションの実践が、上司には求められます。

と言

アドバイス

　ミスがあったときに指導するのは必要です。なぜ、そのミスが起きたのかを当事者と一緒に考え、再発防止策を立て、皆で共有すること、それが上司には求められています。「それなら辞めろ」では現場の仕事は進みません。

気に入らない部下がミス！
「頭おかしい」は完全な人格否定

頭おかしい！
両親が悪い！

　A職長は部下のBさんのことが気に入らないようです。「なんでこれくらいのことができないんだ！」「頭おかしいんじゃないか？　病院行ってこい!!」としょっちゅう言ってきます。たしかにBさんはミスをすることがありますが、自分なりに一生懸命やっているつもりです。A職長は、「お前がそんなにだらしないのは、お前の両親が悪い！」などとも言います。皆で雑談をしているとき、軽い気持ちでBさんが「将来家庭を持つのは自信がないなぁ」と言うと、それを聞いていたA職長が「だからお前はダメなんだ！」と大声を出し、その場は静まり返ってしまいました。Bさんは会社を一刻も早く辞めるつもりです。

対策

　「頭がおかしいんじゃないか？　病院行ってこい!!」はその人の人格を否定したパワハラです。また、家族のことを引き合いに出されることは屈辱的なことです。A職長は、部下育成という上司の重要な役割について無自覚です。現場には様々な部下がいます。ある人を気に入らないと思うと、ますます気に入らなくなります。

　例えば、「一生懸命だが、ミスをする部下」なら、まず「一生懸命さ」を認め、さらに部下へこうなってほしいというプラスの成長イメージを伝えましょう。「自信がない部下」なら、小さな成功体験を積ませましょう。成長の機会を提供するのです。様々な部下に対し、柔軟に対応していくことが重要です。このケースはBさんが通報窓口や外部に訴え出れば、完全なパワハラとして認められるでしょう。

と言

アドバイス

　気に入らないからといって人格を否定したり、家族を引き合いに出すのはNGです。部下のよいところも悪いところも理解した上で能力をアップさせるのが、上司の仕事です。悪いところだけを取り上げ否定するやり方では、「人をつぶす」ことになります。

現場監督を軽んじるベテラン作業員
雰囲気の悪い職場をつくる逆パワハラ

　Aさんは、現在の土木工事の現場で5年間働く古株の作業員です。親分肌の性格で、後輩から公私ともに頼りにされています。歴代の現場監督は、Aさんに気を使って接してきました。新しく着任した若手の現場監督のBさんは、Aさんを特別立てるようなことはせず、普通に業務指示を行っていました。あるときから、AさんはBさんに他の人がいる前で「はいはい、分かったよ、監督さま」と答えたり、指示をしても「俺の仕事じゃなく、監督の仕事じゃないの？」ときつい口調で言ったりするようになりました。わざと最初は聞こえないふりをして返事をしないなど、無視もします。他の人もBさんに同じような態度で接するようになってきました。

対策

　今回のケースは、「長年勤務している」というパワーを使ったパワハラに当たります。Aさんは、Bさんから指示を受ける立場なので、「逆パワハラ」と言ってもいいでしょう。単純に、上司や指示をする立場だからパワーを持つのではありません。"ベテランである"、"技術がある"、"声が大きい"、"威圧感がある" など、様々なパワーが存在します。

　ベテランであること自体は悪いことではありません。ただ、建設工事の現場は「組織」で動いています。指示する立場の人を軽く見たり、露骨な無視をするのは問題です。一方で、新しく着任したBさんもAさんのことを認め、持っている技術やノウハウを思う存分、発揮してもらうためのコミュニケーションが必要です。

と言

アドバイス

　パワハラは上司から部下だけのものではありません。「逆パワハラ」に悩む上司もいます。上司を軽んじていないか、追い込むようなことをしていないか、また上司も部下のことを認め、お互いに成長していける関係づくりが大切です。

上司からだけではない！
職場全体での特定の人へのいじめ

　Aさんは、20歳の現場作業員です。現場作業員になってからまだ半年程ですが、Aさんなりに一生懸命頑張っています。しかし、毎日誰かに怒られます。実家に暮らしているAさんは経済的に比較的余裕があり、最近になって新車を購入しました。「どこで、そんな金を手に入れたのか？」など、そのことが気にいらないのか、周囲からネチネチと嫌みを言われます。その他にも、仕事のことをメモしていると、「皆の前だからそんなことしているのか!?　どうせ車ばかり乗って、そんなメモ、家では見ないんだろ！」と理不尽なことを言われ、いじめではないかと感じています。

対策

　建設工事の現場では様々な人が働いています。実家に暮らしていて比較的経済的にも落ち着いている人、家族を養いながら必死な人など、様々でしょう。そして、嫉妬は誰にでもあるものですが、それを成長のバネとせず、いじめの種としてはいけません。

　この事例では若くして新車を持っているＡさんを他の人が妬んで、いじめのターゲットにしてしまっています。学校のいじめの構図と似ています。集団によるいじめもパワハラです。その背景にはストレスがあるとも言われています。この事例では、現場が忙しく人手が足りず、慢性的な疲労感が皆の中に溜まっていました。休みをきちんと取れるようにするなどの対策を取ったところ、職場の人間関係は良好になりました。

と言

アドバイス

　嫉妬やストレスが、集団でのいじめを引き起こすことがあります。これもパワハラです。前述のとおり、集団でのいじめは学校のいじめの構図に似ています。いじめられている人に問題があるとするのではなく、職場環境を振り返り改善につなげることが大切です。

必要な経費を認めない、おごらせる、使い走りをさせるのはパワハラ

　AさんはB職長の理不尽な指示に悩んでいます。ある日、現場に駐車場がなかったのでコインパーキングに車を入れ、B職長に会社に請求してもよいか相談しました。「たった2000円だろ！当たり前に請求するな」と言われてしまいました。日常的にも10時、3時の一服の時間になるとB職長は、「お茶、コーヒーを買って来い」と言います。基本的には、B職長から代金を渡されるのですが、ときには「お前、今日はおごれ。コーヒーくらい、いいだろう！」と理不尽なことを言うときもあります。いつもAさんだけが買いに行かされ、使い走りをさせられているため、職場に行くのが嫌になってきました。

対策

B 職長にとっては、現場の経費は少ない方がよい印象を会社に与えるとか、手続きが面倒だという思いがあるのかもしれません。ただ必要な経費を認めないことは、パワハラです。金額の大小ではなく、必要な経費は会社が持つものです。休憩時間のお茶やコーヒーは自費の範囲ですが、上司が部下に「おごらせる」ことは、たとえ少額であっても強要することは問題です。

また、日常的に特定の人に対し使い走りをさせることも問題です。使い走りは、以前はよくあったかもしれません。ただ業務上ならまだしも、休憩のための私物に当たるお茶やコーヒーをいつも買いに行かせるのは問題です。職場の規律を守ることは、こういった日常の行動から始まります。

と言

アドバイス

ルールを守る職場づくりは日常の行動からです。必要な経費は正しく申請や請求ができるか否か、上司の姿勢が問われます。使い走りなど、起こり得ることにも注意を促し、理不尽なことがない職場環境をつくりましょう。

ミスをした部下に土下座を強要！
時代の変化に取り残されていませんか

　A職長は、現場作業員のBさんの仕事の態度が甘いと、いつも気になっていました。事故につながりかねない作業工具の取扱いの間違いや、建築中の建物の上での緊張感のなさも心配です。A職長は、その度にBさんに指導をするのですが、Bさんは言い訳をしたり、指導を受ける際もふてくされた態度を取るので、A職長のイライラは募っていました。しっかり指導しないとBさんにも他の人へも示しがつかないと感じ、ミスをしたBさんに対し、A職長は大声で「俺がお前だったら土下座しているぞ！」と怒鳴りました。Bさんは、ふてくされた様子で土下座をしましたが、翌日から仕事に来なくなってしまいました。

対策

　A職長がBさんに土下座をするように言ったことは、適切な指導の範囲を超えたパワハラです。もちろん部下の業務態度に問題があったり、ミスを繰り返せば、指導をすることも必要でしょう。問題は、その指導が今の時代にあっているかどうかです。そもそも、土下座をさせることは相手に屈辱的な思いをさせ、結局、やる気を削ぐだけでなく、周囲の人にもブラックな職場だという思いを持たれてしまうはずです。

　部下を指導する際は、落ち着いて、具体的に業務や取組姿勢・態度についての問題点を指摘して、どうなってほしいかを伝えることが大切です。土下座をさせることは、実は上司の自己満足に過ぎず、指導ではありません。

ひと言

アドバイス

　土下座をさせたり、部下に皆の前で謝罪をさせることは、見せしめになり、パワハラになります。前述のとおり、上司の自己満足である可能性もあります。上司には、部下に対する具体的な指導が求められています。自分が育った時代とは違うことを自覚しましょう。

「パワハラをするな！」が逆にプレッシャーに

　最近、パワハラ防止法ができたこともあり、会社でもパワハラ防止のポスターが貼られたり、研修も行われています。A職長は上司のBさんから「絶対にパワハラをするなよ！　パワハラで社員が辞めたら君の責任だぞ！」と強く言われます。ただ、A職長はパワハラ防止研修も受講をして、部下へ言ってはいけない言動はしないように気を付けています。あるとき上司のBさんは「おい！　君の現場の社員が辞めたいと言ってきた。君がパワハラをしているんじゃないのか！」と言われ、驚いてしまいました。もしかしたら、A職長は自分の指導に問題があったのではと、とてもプレッシャーに感じ、最近は部下に話しかけることが怖くなってきて、どう指導したらよいかわからなくなってきました。

対策

　パワハラ防止義務が中小企業にも施行されるようになり、どの職場でもパワハラ防止に真剣に取り組む時代になってきました。「〇〇をしてはいけない」を理解して実践をすることは、とても大切なことですが、一方で「それでは、どのように部下を指導したらよいか」も同時に職場の上司に伝える、教育をしていかないと、現場の上司は委縮をして指導ができなくなり、結局人材の育成ができなくなってしまいます。相手も尊重した伝え方や聴き方などを上司が学び、具体的な部下とのコミュニケーション力アップができるよう会社も現場の上司をサポートしていくことも大切でしょう。

アドバイス

　「〇〇をしてはいけない」だけでは、逆に過剰な上司のプレッシャーとなり、会社からのパワハラを感じてしまう場合もあります。上司の指導力のアップも同時並行で行いましょう。

業務時間外の不必要な連絡、しつこい食事の誘いはNGです！

　若手女性作業員のAさんは、「この職場は女性も活躍している」とネットなどで情報を調べ入社しました。確かに女性社員はいますが、現場にはほとんど女性はおらず、現場では女性はAさん一人になることも多くあります。よく現場で一緒になる先輩作業員のBさんは、気さくな人柄と皆に慕われていて、Aさんにも仕事をよく教えてくれます。ただ、最近、SNSで繋がろうと言われ、何気なくAさんはSNS登録をしました。するとBさんは業務時間外に「今、何してるの?」とか「今度、食事にいかない?」などとSNSで連絡をしてくるようになりました。先輩に対して断りづらく「特に何もしていませんよ」とか「食事は今度また」と答えていると、ほぼ毎日のように連絡がきます。AさんはBさんと個人的に交際をしたいわけではありません。Aさんは困っています。

対策

　ようやく少しずつ現場での女性作業員も増えてきましたが、まだ圧倒的に少数派です。少数派の女性社員とどう接してよいかわからず、人によっては距離感を縮めすぎ、仕事とプライベートの区別がなくなってしまう人もいます。不必要な業務時間外の連絡や特にプライベートの詮索、また食事に誘うことはあり得るかもしれませんが、しつこく誘うことはセクハラとなり得ます。断らない女性が悪いという意見も出てくるかもしれませんが、親切に仕事を教えてくれ、また自分より作業のことを知っている、ある意味パワーがある人に対して、なかなか NO が言えないものです。「これはセクハラになるかもしれないという言動はしない」ということを原則にしましょう。

アドバイス

　何気ない連絡や食事の誘いも相手にとってはプレッシャーに感じたり、またそれを断れない人がいることも理解しましょう。

冗談のつもりが
"女子力"の押しつけでセクハラに！

　建設会社の事務所で働くAさん（女性）。事務所での昼食時間が憂鬱です。他の女性社員はお弁当持参、女性社員の中でコンビニでお昼を買ってくるのはAさんと独身のベテラン女性社員だけです。昼食中、男性社員が「○○さんのお弁当、いつもいいよねえ。旦那さんが羨ましいなあ」と言ったり、「Aさんはお弁当作らないの？　女子力向上するよ」と言ったりします。

　先日はこっそりとベテラン女性社員のことを「がんばらないと、あんなふうになっちゃうよ」と言ってきました。Aさんは"女らしさ"を過度に強調する職場で働くことに意欲をなくしてきました。

対策

　男性社員に悪気はなく、昼食中の雑談のつもりでした。ですがＡさんは傷ついたのです。男性社員の発言は露骨な「下ネタ」ではありません。厳密に言えば、裁判になるようなセクハラではないかもしれません。

　しかし、男性社員の〝女性は結婚をして、お弁当を作り、旦那さんに尽くすべき〟、といった考えが透けて見えます。「女性はこうあるべき」「こうでないと女性はダメ」といった女性らしさや男性らしさの押しつけ、ジェンダー（性別役割分担意識）に関わるセクハラです。Ａさんの仕事へのやる気は女性を軽く見る発言で失われてしまいました。「女性がお茶くみをするのは当たり前」や「掃除は女性の仕事」といった決まりはありませんか？

アドバイス

　自分や職場に性別役割分担意識「女性（男性）はこうあるべき」といった考えがしみついていないか、言動に気をつけましょう。また、職場の当たり前だった男女の役割分担も見直してみましょう。社員のやる気向上につながります。

本人は気を使っているつもりでも やっぱりセクハラです！

　若手女性社員のAさんは、現場ではただ一人の女性です。いつも元気で明るいAさんは、先輩たちからもかわいがられています。ただ、1つ悩みがあって、Aさんの体調が悪いとき、上司や先輩から「お〜い、Aは今日は生理か!?　無理するな!!」と大声で言われ、とても恥ずかしい気持ちになります。「もうセクハラですよ！」と笑って言い返していますが、本当は嫌な思いです。実は、Aさんは生理痛がひどく、つらい日もあるのですが、大声で皆にも聞こえるような声で話をする配慮のない上司や先輩には、とても相談できず、我慢をしています。

対策

　上司や先輩は、ただ一人の女性社員のことを心配しているのでしょう。女性には特有の身体症状（月経痛など）があります。月経による貧血や痛みがひどい人は、休暇を取る必要もあるのです。サポートはとても大切なことですが、とてもデリケートな事柄です。皆の前で、しかも大声で言うこと自体がセクハラになります。

　さらに、そのような現場では本人が恥ずかしいという思いから相談しづらくなり、結果、より症状がひどくなることもあります。デリケートなことも相談しやすいように、「困ったことがあったら、気楽に相談をしてください」と常にその人にだけでなく、皆に伝え、相談を受けたらおおっぴらにするのではなく、個別に対応するように配慮しましょう。

と言

アドバイス

　よかれと思って聞いた女性特有の身体症状は、とてもデリケートな内容です。本人から必要なときに相談がしやすい雰囲気づくりをすることと、症状が重い場合は休暇を取りやすい環境づくりが必要です。

男性同士の下ネタ
女性はもちろん男性にも苦痛です

　Aさんは、この現場でただ一人の女性作業員です。これまで建設現場で長く働いてきましたが、男性たちの現場での下ネタにはうんざりしています。男性同士で話している下ネタを聞くのも嫌なのですが、特にAさんがターゲットになることがよくあります。「胸が大きいから安全帯がきついよね」などとからかわれたり、今日も「眠そうだけど、お盛んすぎるんじゃないの？」と言われました。本当はセクハラだと言いたいのですが、「それじゃあ、ここに働きにくるんじゃない」と言われそうな雰囲気があり、何も言わず我慢をしています。

対策

　これからの建設現場は女性や外国人など、多様な人材を受け入れていく必要があります。この女性は何とか我慢をしているようですが、それは正常な状態ではありません。女性に対するセクハラ発言も問題ですが、男性にも下ネタが嫌な人もいるのです。そういったセクハラ発言が原因で辞めてしまう人もいます。相手が、その発言をどう受け止めるかしっかりと考えましょう。

　「俺は理解があるぞ」と思いつつ、「これってセクハラ？平気？」と尋ねるのもセクハラです。女性にだけ「○○ちゃん」と呼んだり、「かわいいね」と褒めるのも、相手にとっては嫌な場合も多くあります。問題となりそうな発言は、セクハラになることを十分に意識しましょう。

アドバイス

　セクハラは相手がどう受け止めるかがポイントです。自分はコミュニケーションのつもりでも、相手にとってはセクハラになるかもしれません。相手がどう思うかを十分に考えることと、もちろん下ネタは男性に対しても NG です。

女性だけがお酌は時代錯誤！
デュエットの強要もセクハラです

　Aさんは、女性の現場作業員です。現場では、大きな工程が終わったときに、全員で打ち上げをすることもあります。それは嬉しいのですが、2次会は決まってスナックにいきます。Aさんは、いつも職長や先輩の席を回って、お酌をするように言われます。同じように楽しみたいのに、なぜか皆の世話役のようになってしまいます。盛り上がると、デュエットが始まり、肩を組んで、一緒に歌うこともしばしばあります。時々、うんざりするのですが、2次会に行かないと、仲間外れにされそうだし、皆の受けもいいのですが、これはセクハラなのではないかと感じています。

対策

　大きな工程が終わったとき、皆での打ち上げはモチベーションの向上にもつながるでしょう。ただ、この事例では女性だけにお酌をさせたり、デュエットをさせたりしており、これらは典型的なセクハラです。相手が何も言わないからいいのではなく、こういった行動は典型的なセクハラであることをしっかりと認識しましょう。

　もしお酌をするのなら、お互いにすればよいのではないでしょうか。この女性はいつも皆の世話役になってしまい、モチベーション向上というよりは、実は疲れる場になってしまっていたのです。また、2次会はお酒が進んでセクハラ言動やアルハラも起きやすくなります。節度を持ったあり方を考えることが大切です。

と言

アドバイス

　お酌やデュエットの強要は、セクハラです。本人は嫌だと言いづらい場面でもあり、まずはそのようなことはセクハラになると十分に認識をして、しない、そういったことがあれば止めることが大切です。

「早く結婚しろ！」発言が
悪気はなくてもセクハラに…

　A職長はざっくばらんな性格で、現場作業員からの信頼も厚い人です。ただ、若手社員のBさんは、A職長と話をしていると疲れることが多くあります。というのも、A職長がBさんに対し、「彼女をどうしてつくらない？」「早く結婚しろ。嫁さんがいると仕事にも張り合いが出るぞ！」としょっちゅう言ってくるからです。どうやら、A職長には悪気はないようです。Bさんが「はあ」とか「まあ」とか曖昧に答えていると、「そういったところがダメなんだよ！」と言われ、今はできる限りA職長から離れたところで休憩を取るようにしています。そのことについて誰かに愚痴でもこぼしたいのですが、それもできず、最近は現場へ行くのが憂鬱になってきました。

対策

　A 職長は人情肌の人物で、B さんのことを心配しているからこそその発言のようです。ただし、仕事上の人間関係の中でプライベートなことに踏み込まれたくないという人は意外に多く、「彼女をどうしてつくらない」「早く結婚しろ」発言は、男性に対してであってもセクハラ発言になるのです。

　かつて「草食系」という言葉が流行しましたが、彼女をつくったり結婚をすることに価値を見出さない人もいます。もしかしたら、家族の事情などがあるのかもしれません。「じゃあ、何も言えなくなるじゃないか？」と思う人もいるかもしれません。もちろん、プライベートについて話題にすること自体は問題ではありません。しかし、曖昧な返事をしている人や自分から話題にしない人は、その話題は嫌なのだろうと察することが重要です。

と言

アドバイス

　プライベートに踏み込みすぎるのは、男性に対してであってもセクハラ発言となり得ます。相手にとってその話題が適切なのか、しっかり相手の反応を観察する、その話題が苦手と思われる人には振らないなど、それぞれの人を「見る力」が大切です。

女性専用の休憩室やトイレの設置は本当に無理なことですか？

　女性作業員のAさんが働いているのは、比較的大きな現場で休憩室も整備されています。でも、休憩室では男性作業員が下着姿で寝ていたりするので、Aさんは休憩をそこで取っていません。親しい先輩作業員のBさんに話をしたら、「Aさんは平気と思っていたよ！　じゃあ、休憩はどこで取っているの？　トイレは？」と尋ねられました。休憩は外の屋根の下で（本当は涼しい中に入りたいのだけれども）、共用で汚いトイレはできる限り使いたくないので、現場では水をあまり飲まないようにしています。「でもさぁ、Aさんのためだけに休憩室や女子用のトイレを設置するなんて絶対に無理だよ」と、Bさんに言われました。Aさんもそう思い、諦めの気持ちで働いています。

対策

　女性など多様な働き手が今、求められています。そのようなとき、もちろんセクハラや差別があってはいけないのですが、多様な人が働きやすい環境づくりも重要です。そこで、休憩スペースを男性用・女性用と分けることができればベストですが、難しいようなら区切り用の簡易カーテンをつける、時間差で男性と女性で休憩を取るようにするなど、工夫できることはあります。他業界の男性が多い現場でも、そのような試みは始まっています。

　トイレも男性、女性と分けることが理想です。難しければ、日々皆がきれいに使うことを心がけ、徹底することです。そのことが、誰にとっても気持ちのよい職場環境の構築につながります。

ひと言

アドバイス

　今後ますます重要な戦力となる女性たちが、働きやすい環境を整えていくことは大切です。大がかりな取組みではなくても、小さな工夫で過ごしやすい環境がつくれます。そして、それは男性にとっても過ごしやすい環境なのです。

地域の人もびっくり！
怒号が響く現場は苦情の元にも

　Ａさんは、あるマンションに住んでいる主婦です。今、マンションは長期の工事中です。ただＡさんは、家にいると、ずっと憂鬱な気持ちです。自分が言われているわけではないのですが、現場の長らしい人が若手をずっと叱り続けているのです。「バカヤロー！」「そんなこともできないのか！」「またか！　なんだよ！！」などの怒鳴り声がマンションに響き渡っています。長らしい人は、非常に怖い雰囲気で、買い物に出るときも、そばを通るのが苦痛です。マンションの自治会長に相談したところ、他の人も同じような思いをしているとのことで、会社に申し入れをすることになりました。

対策

　現場では大きな声でないと聞こえないこと、安全のために大声を出さざるを得ないことも、多くあります。もちろん「バカヤロー！」といった暴言は NG なのが前提です。自分たちにとっては、必要なこと、当たり前のことであっても、周囲やお客様、地域の方にとっては当たり前ではないことを忘れてはいけません。

　このケースはマンションでしたが、マンションやオフィスビルなどでの工事は特に声が響きやすく、またそこの住人は逃げ場もないのです。工事中は周囲に協力をお願いしながら進めていくものです。そんな中、現場での怒号などが響いていると、周囲の不快感が増し、協力したくない、そんな風に周囲や地域の方が感じてしまい、大きなトラブルにつながることもあります。「社会の目」が見ていると、しっかりと意識をしましょう。

アドバイス

　建設現場は、「社会の中」にあることを十分に意識して、地域や周囲の皆さんが協力したいと思えるような明るく節度のある現場づくりに努めましょう。当然ながら暴言などがあってはなりません。クレームの元となります。

事例㉖

モラハラ

匿名の SNS なら OK ？
もちろんその誹謗中傷も NG です

現場作業員の A さんは、外国人作業員の B さんの仕事のミスが多いことが気になっていました。A さんは、B さんとペアを組んでいるので、何かあると指摘をするのですが、言葉の壁もあってか、一向に変わりません。言葉の壁があったとしても、「もっと仕事に対して一生懸命やれるのでは？」と A さんは感じています。ただ、他の人に相談すると、外国人を差別していると思われるのが嫌なので、黙っていました。匿名の SNS に「○○人は存在がじゃま」や「△△△△（マンション名）の現場は混乱中」などと書き込みをしていました。それに共感するコメントもあり、A さんは毎日のように書き込みを続けています。

対策

　Aさんは、Bさんに対し直接否定をしたり、差別的な言動は行っていません。ただ、Bさんの名前は出していないとしてもインターネット上で誹謗中傷することは問題で、モラハラに当たります。たとえ匿名であったとしても、特定の人物を推測できるような書き込みをすれば、特定される可能性もあります。

　誹謗中傷の書き込みは単なるモラハラにとどまらず、相手の名誉を傷つける犯罪行為になることもあります。もし、相手との関係で悩みがあるのなら、上司に相談をすることです。外国人労働者など多様な人材が増える中、上司はこれまでとは異なる職場の人間関係に配慮し、部下とコミュニケーションを取る必要があります。

ひと言

アドバイス

　たとえ匿名であっても、SNSは公私にわたる情報を世間に公開することになると自覚することが重要です。そして、誰が読んでも不快な感情を覚える書き込みでないか、注意をしましょう。

事例㉗
モラハラ

盛り上がっていたのは自分だけ？
その飲み会、アルハラかも

　現場監督のAさんは面倒見がよい人です。Aさんは飲み会を頻繁に開催します。一方、Bさんは中堅社員です。Bさんはお酒が苦手で、飲み会を苦痛に感じています。Aさんは酔っぱらうと、飲めないBさんを標的にして「飲めないなら芸をしろ」と難題をふってきます。あるとき「酒も飲めない。だから仕事もダメなんだよ」と言われ、Bさんが黙っていると「だから、嫁さんにも逃げられるんだよ」と言われました。Bさんは怒りの気持ちがわきました。ただ飲み会は居酒屋ばかりでなく事務所の中で行われることも多く、断りづらいBさんは憂鬱な気持ちです。

対策

　歓送迎会、納会など比較的オフィシャルな会は、会社が費用負担をする場合もあり、仕事の範疇と皆が捉えやすいものです。しかし、勤務時間外に行われる飲み会はプライベートな時間に行われるもの。楽しさというより仕事と割り切って、あまり行きたくない人もいるのです。回数が多くなれば、費用負担も多くなります。上司が費用負担をするのなら、上司の負担も大きくなります。

　そして、今の若い人はお酒が好きでない人が多いのです。飲みの強要はアルハラです。また、お酒が入ると、発言が荒くなったり、どうしても説教もくどくなりがちです。お互いにお酒が入っている場合、喧嘩になってしまうこともあるので、要注意です。

アドバイス

　プライベートな時間はその人のもの。だから、飲み会は参加したい人だけでよいというメッセージを上司が伝えることです。部下のことを労う場、部下の話をしっかりと聴く場であるという意識を持ち、上司が飲み過ぎないことがなにより重要です。

事例㉘

アルハラ

SNS を強要していませんか？

　A 職長は最近、仲間に勧められ SNS を始めました。するといろいろな人と繋がることができ楽しく、毎日いろいろな人をフォローしたり、「いいね」ボタンを押したりしています。部下の B さんは SNS はしていないのですが、趣味が同じ釣りで、時には休憩中に釣りの話で盛り上がることもあります。A 職長は B さんに「SNS、やってるか？釣れた魚の写真を載せると全国の人が見てくれるぞ。お前もやれよ！」と言います。ただ、B さんはあまり必要がないときには携帯などは使いませんし、SNS に興味はありません。B さんが「いやあ、難しそうですからやめておきますよ」と職長に言ったところ、職長は B さんの携帯を取り上げ、勝手に SNS の登録を始めました。その後、毎日のように職長は自分の投稿は見たか？　と B さんに言ってきます。B さんはとても負担を感じていますが、仕方なく「いいね」ボタンを毎日押し続けています。

対策

　ソーシャルハラスメントは SNS を使うことを強要したり、「いいね」をすることを強要したり、または相手の SNS を見てプライバシーについて詮索したりすることを指します。SNS は世界の人と繋がれるとても便利なツールですが、使い方は慎重にしましょう。まずは、その SNS が仕事で必要なのか、完全に趣味なのかを考えましょう。趣味ならばプライベートの範囲です。部下に登録を押し付けたりすることはソーハラとなり得ます。また、自分自身の書き込みは誰に見られても大丈夫なものなのか、たとえ趣味であっても、自分の書き込みについて責任を持つことも必要になってきます。

と言

アドバイス

　SNS の強要はソーハラです。仕事とプライベートの線引きはしっかりしましょう。また、自分の書き込みは誰が見ても大丈夫なものかも意識しましょう。

事例㉙

ソーシャルハラスメント

リモート会議での
きつい言葉はリモハラです！

リモートだって
表情や声も伝わります

　この会社では、最近、オンラインツールを使って会議をすること
も増えてきました。リモートで現場や様々な事務所をつないで打ち
合わせをすることがあります。もともと上司のＡさんは、きつい言い
方をする人でしたが、リモート会議でも全く同じです。「お前、それ
どうなってるんだ！　バカじゃないのか！　何やってるんだよ！」など
と怖い表情で部下を追いつめていきます。上司Ａさんはリモートだ
と伝わらないと思い込んでいるのか、直接の打ち合わせより、より
表情もきつく、大きな声を出します。部下たちは会議が終わればホッ
とするのですが、上司Ａさんは直接対面で話をしないのが不安なの
か、会議の回数も増やしています。部下たちは「またリモート会議か、
今度は誰がつるしあげになるんだろう」と怖い思いをしています。

対策

　リモート上であってもパワハラ言動をしてはいけないことは同じです。リモートであると、自分の思いが伝わらないのではと過剰になったり、頻繁に会議や連絡をリモートで行い、そこで威圧的な言動をすることはリモートハラスメントとなります。パワハラとなり得る言動を確認して、それを行わないこと。また、大切なことはリモートばかりではなく、場合によっては対面で話し合うとお互いがわかり合えることも多いものです。工夫をしながら新しいツールを使っていきましょう。

と言

アドバイス

　リモートであってもパワハラは起きます。気を付けましょう。また、場合によっては対面で話し合うことも大切です。

酒に飲まれるな！
くどくどとした説教から暴行へ

　現場監督のAさんは何かにつけて宴会を開きます。でも、その宴会は後輩のBさんにとって苦痛でしかありません。Aさんは酔っぱらうとすぐに、Bさんに「ちょっとこっちに来い」と言って説教を始めます。今、起きたことならまだしも、他の人も知らないような過去の話も持ち出してくるので、Bさんはとても恥ずかしい思いをします。あるとき、Aさんは酔っぱらってきて、またもBさんの日ごろの業務について説教を始めました。Bさんはそれを軽く受け流しました。すると、Aさんは腹を立て、Bさんの肩を倒れるほど強く押してしまい、Bさんはけがをしました。

対策

　宴会は緊張が強いられる仕事の慰労の場になったり、交流の場にもなったりします。ただ、あくまでも宴会は皆で楽しく過ごすものですから、その場で上司が説教を始めたら、それは職場で起きるパワハラであり、アルハラとなります。特に酒に飲まれやすく、くどくどと説教をしがちな人は、そういう場で止めてくれる信頼できる人をつくって、しっかり止めてもらう、そもそも宴会そのものを少なくするのもよいことです。

　また、日ごろ感じる部下への不満は、飲みの場ではなく、職場で適切な指導として行うことが必要です。ミスをした人だけでなく元気がない人を飲みに誘って励まそうとするのも、かえって逆効果になることが多いので、注意が必要です。「指導は職場で！」が原則です。

と言

アドバイス

　宴会は慰労の場としてあってよいけれども、それは皆が楽しむ場。そこでの説教は基本的に NG です。特に、飲むとどうしても説教しがちになる人は、飲み過ぎに注意することはもちろんですが、そのような場そのものを減らすことを考えてみてください。

事例 ㉛

アルハラ＋パワハラ

総合職女性へ男性化の押しつけ

　この会社では女性社員が増えてきて、総合職として女性を採用するようになりました。総合職として入社して数年たった女性社員Aさんは、周囲の男性社員の無理解やセクハラに悩んでいます。周囲の同僚社員たちは、総合職であるAさんに、まるで男性のようになれと価値観を押し付けてきます。Aさんには「おい！　○○！それ運んでおけ！」と、とても一人で持つには重たい荷物を持たせたりすることも、しょっちゅうです。ただ男性社員たちは事務職の女性社員には、とても丁寧に「ごめんね。この荷物はAに持たせるから」と言ったりします。そんなとき、Aさんは不満を感じますが総合職なのだからと我慢をしています。ある飲み会のとき、Aさんは酔った男性社員たちに「胸のサイズどのくらいなんだよ！女を武器に仕事できてうらやましいよなあ！」と胸を触られそうになりました。Aさんはコンプライアンス相談窓口に訴え出ようと考えています。

対策

　特に大きな建設会社やゼネコンでは、いわゆる総合職と
して女性を採用することも増えてきました。これは建設業
界に限ったことではありませんが、これまで女性が少なかっ
た職種などに女性が入ると、「男性と全く同じように働く」
ことを押し付けられるケースがあります。これは性別役割
分担意識（ジェンダー意識）が根底にあり「男性のように
あれ」という価値観の押しつけとも考えられます。先ほど
の重たい荷物の例は一例にすぎず、男性化を求められるた
め、妊娠や育児をあきらめて働いている人や妊娠がわかっ
たとたんに簡易な業務担当とさせられることもあります。
また、総合職の女性が取引先からも含め、ひどいセクハラ
にあっても泣き寝入りしてしまっていることもあります。男
女職種問わず、誰もが働きやすくお互いを大切にする職場
づくりが大切です。

と言

アドバイス

　女性社員に「男性のようにあれ」という押しつけはジェン
ダーハラスメントにあたります。また、ジェンダーハラスメ
ントがある職場ではセクハラが起きやすいので気を付けま
しょう。

休日の過ごし方や趣味は「人それぞれ」が基本です

　現場作業員のAさんは、陶芸が趣味。休日には山の陶芸場へ行き陶器をつくり、その写真をスマホで周囲へ見せることもありました。周囲は「へえ、意外ですねえ。なかなかうまいですよ！」と、盛り上がることもしばしば。そういった様子をB職長は気に入らず「何が陶芸だよ。現場にはそんなこと必要ないんだよ。写真、見るだけで胸くそが悪い。消してくれ」と言いました。Aさんは「趣味は自由ですよ」と反論したところ、「やるなら仕事に役立つものをやれ！　みんなもそうだぞ！　つまらん趣味は認めない！」と言い、結局Aさんは仕事を辞めてしまいました。

対策

　休日や余暇の過ごし方は人それぞれです。B職長の行為は、業務の指導の範囲を明らかに超えています。悪意を持ってやめさせたり、その人の大切なものを消すように命令する行為はパワハラです。

　ただ、もしもAさんが体力不足により仕事上にも支障が出ていたら、上司として部下の趣味を全否定するのではなく、「よい趣味を持っている。ただ仕事中の体力面が気になるから、体力をつけることもしてみてはどうか」といったアドバイスをすることはあってもいいでしょう。ときには適切な休日や余暇の使い方の指導をすることは必要です。もちろん感情的に否定したり、すべてを否定することはパワハラになるので要注意です。

ひと言 アドバイス

　休日の過ごし方、趣味について勝手に上司が命令をすることは問題です。ただし、その趣味自体に問題があったり、業務に支障がある際に指導をすることはハラスメントではありません。

外国人だから問題行動？
その決めつけはモラハラです

ベトナム人のNさん

　Aさんは、ベトナムからの技能実習生としてこの現場で活躍しています。まだ、日本語も不自由で完全ではありませんが、真面目な性格で毎日一生懸命です。ただ、周囲の作業員は言葉が通じないことにいら立つこともあるようです。あるとき、現場で大切な作業工具が1つなくなっていることが分かりました。皆で探していたところ、Aさんのロッカーにその工具が入っていました。Aさんには心当たりがなく、自分はやっていないと伝えたいのですが、うまく伝わりません。結局、Aさんがやったと決めつけられ、皆の視線がより冷たくなっています。

対策

　どの職場でも増えている外国人就労者。現場で欠かすことのできない存在です。一方で、島国の中で生きてきた日本人はどの業界でもそうですが、多様な人材を受け入れることが苦手な傾向があるようです。さらに、アジアの人を下に見る、そんなことが起きがちです。

　当たり前のことですが、どの国の人も同じようにプライドがあり、尊厳を傷つけられたり、おとしめられるようなことはされたくありません。「○○国の人には、こういう言い方は注意しよう。このような行動はNG」といったマニュアル対応ではなく、一人ひとりを大切にするという思いを持って接すれば、いじめなどのモラハラは起きません。また、すべての人材が大切な存在であることを意識することも大切です。

と言

アドバイス

　外国人就労者や技能実習生、一人ひとりを大切にしましょう。言葉でのコミュニケーションが難しいのなら、より丁寧に時間をかけて教えることが大切です。また、「○○人」は、といった自分の内心に差別意識がないか自己点検しましょう。

仕事への厳しさや指導は必要！
何もかもがハラスメントではない

　ベテランのA職長は、仕事には厳しい人です。例えば、部下が工具を間違って持っていこうとすると、「○○、それは違うぞ！　工具は持っていく前にしっかり点検しろ。気をつけろ！」と厳しく指導します。あるとき若手社員のBさんが工具を足場から落とすという、一歩間違うと大事故になるミスをしてしまいました。A職長はいったん全員の業務を中断して、「今回、工具が落ちるという事故があった。Bは私と一緒に工具の扱い方をもう一度確認しよう。ミスや事故はあせりや確認不足から起きやすい。皆も落ち着いて業務に当たってほしい」と言い、浮き足立っていた現場は落ち着きを取り戻しました。

対策

　厳しい指導のすべてがパワハラになるのではありません。A職長は厳しい人ですが、指導は具体的で、人格を否定するような言い方はしていません。また、何か問題が起きたときに、一人の責任にしたり、その人を追い詰めるのではなく、一緒に再発防止に取り組む姿勢は上司として適切です。

　ミスをした者を罰することよりも、その原因を明確にして再発防止について考える環境をつくることが大切です。そのような姿勢が、上司には求められます。怖いと思ってついていくとき、それは強制力であってもリーダーシップではありません。自分のことを心から考えてくれる上司であれば、部下はやる気になり、ついてきてくれるはずです。

ひと言

アドバイス

　厳しさや指導のすべてがパワハラではありません。人格を否定するのではなく、仕事について注意や指導をする。一緒に問題の解決に向けて取り組む。何より、心より部下のことを考える上司であれば、その言動はパワハラとはならないはずです。

事例㉟　ハラスメントに該当せず

自分が受けたことを
他の人にしてしまう悪い連鎖

　最近、現場に若手社員Aさんが入職してきました。ベテランが多かった現場では、久々の若手です。少し年上のBさんは大喜びです。というのも、これまでBさんは先輩たちの"いじり"の対象となっていたからです。たとえば、先輩たちに使い走りをさせられたり、飲み会では一発芸をやらされたり、Bさんはこれまでさんざん嫌な思いをしてきました。今度は自分がAさんをいじりの対象にしようと思い、さっそくAさんに使い走りをやらせています。

対策

　先輩からのいじりの対象だったBさんは、我慢をせずに上司や会社に相談をすればよかったのです。しかし、ずっと我慢をしていたBさんは、新しく入ってきたAさんを自分の"いじり"のターゲットにしてしまいました。つまり、悪い連鎖を断ち切ることができなかったのです。

　人間は誰もが完璧ではなく、ときに先輩などから嫌な思いをさせられることもあるでしょう。でも、それは「反面教師」としなければいけないのです。残念ながら、Bさんにはそれができませんでした。

　また、上司も職場でいじりのような行為があるときは、それを軽く捉えず、「いじりはいじめの種」であることを理解して部下に注意を促すことが必要です。

♪と言

アドバイス

　自分が受けた嫌なことは他の人にはしない。それが大切です。また、前述のように、ちょっとしたいじりの積み重ねがハラスメントにつながる可能性があることを理解してください。

時代の変化に合わせ
あなた自身を変えること

　A職長は、過去にパワハラを受けたことがありましたが、反面教師として部下に対してはそのような態度を取らないように気をつけています。その一方で、「最近の若手は」と言いたくなることもあります。危険な作業も多く一歩間違えれば命を失うことにもつながるため、仕事中に不安全行動を取った部下にはつい手が出てしまうこともあります。そんなときは、『やってしまった！』と反省をすることもしばしばです。A職長は、これから先、多様な人が働く中でどんどんコミュニケーションが難しくなるように感じ、指導のあり方について悩んでいます。

対策

　時代は変わり、効果的な指導のあり方は変わってきています。A職長は、過去に自分が受けてきたパワハラを自分はしないと気をつけていますが、ついつい手が出てしまうこともあるようです。それだけ自分が受けてきた指導法は体にしみ込みやすく、よほど意識しないと同じことをしてしまうものなのです。

　典型的なパワハラに当たる言動についてしっかりと理解をし、「自分は絶対にしない」と日々心に言い聞かせることが大切です。そして、コミュニケーションの取り方を工夫してみるのです。例えば、部下のできていることを認め、しっかりと褲めてみる。まずは、そこから始めてはいかがでしょうか。

ひと言

アドバイス

　多様な人が働く現在の建設現場では、これまであなたが受けてきたやり方での指導がハラスメントになることがあります。だからこそ、時代の変化にしっかりと向き合い、それにあなた自身を合わせることです。もちろん、自分を変えることはとても難しいことです。しかし、それができなければ上司として時代に取り残されることを理解してください。

事例㊲

ハラスメント全般

おわりに

　企業の中で働く人員構成が多様化するだけでなく、その中で働いている人たちの働き方も拡大しています。多様性を取り込むことは、新たな発展の可能性を広げることであり、本来楽しみなことです。

　こうした多様性をお互いが尊重し合い、お互いのよさを認識し合い、お互いが知恵と力を出し合う関係性を構築できれば、仕事の創造性や効率性も高まっていくことでしょう。

　ただ、多様性、異質なものが入り込むこと自体、元からいる人にとっては、心理的な抵抗感を生みがちです。それは、自分の予測できる行動、意図する行動とは異なる行動を相手が取ることによって、自分にとって不利益が生じるのではという不安感からくるものです。さらに、ベースとなる「信頼」が欠如し、人間関係が悪い状況の中に異質なものが入り込むと、さらに不安、不信の連鎖が起きかねません。

　まずは、ベースとなる職場の信頼関係や協力関係ができているか、足元をしっかりと見つめましょう。上司が労を惜しまず自分に協力をしてくれたり、いろいろな面倒を見てくれたり、個人的な相談にも乗ってくれたとしたら、部下の人はどう思うでしょう。部下はそういった上司に対して、尊敬の念を持ったり自分がこの人（上司）をフォローしたいと思ったり、力になりたいと思い、それを実践しようとします。

　だからこそ、この会社でこの人と一緒に働きたい、あるいはこの人と一緒とやる気が出るなど、部下の人が前向きに思える環境づくりが大切なのです。

　そういった信頼し合うための基礎をつくるには、個人のコミュニケーション能力を上げることはもちろんですが、協力関係のために、話し合えること、お互いが思い合える「信頼の共有」が大切です。

読者の皆さんは、経営者や管理職の方だと思います。皆さんは、リーダーとはどのような人を思い浮かべますか？　もしかしたら、リーダーは「ぐいぐい引っ張る人」というイメージが強いかもしれません。リーダーにはカリスマ性が必要だと考える人もいますが、リーダーは「普通の人」の誰もがなれる存在だと、私は思います。

　怖いと思って付いていくとき、それは強制力ではあってもリーダーシップではありません。

　スピード違反をして警察官から「免許証を出して」と言われ、それに従うときに、あなたはその警察官にリーダーシップがあるとは感じないはずです。

　あるいは、社長や上司の言うことを聞くときに、「この人が自分の評価をしているし、雇用も握っている。理不尽な命令だけど、言うことを聞かないとえらい目に合うだろうな」というのが理由なら、それは単なる「管理」（それもあまりよい管理ではない）であって、リーダーシップではありません。

　強制力でも、権限でも、雇用でもなく、その人の言動に共感できるものがあって、自分のことを本心から思ってくれる人、自分に尽くしてくれる人のためだったら、人は喜んで「労働力」を提供するでしょうし、付いていくでしょう。

　皆さんはどう思われますか？　たとえば、新人のときに直属上司から、「君は上司の私のために存在するのだ」と言われたら……。逆に、「上司の私はあなたのために存在するのだ」と言われたらどうでしょうか。

　心ある上司なら後者を選ぶでしょう。ただ、日々の仕事の実践において、その気持ちを持ち続けることは、非常に難しいことです。これは、あなた自身がこのような気持ちで自分は取り組むのだと決めるしかないのです。

　自分が子どもに対して持っている思い、あるいは子どものときに自分の親が自分にしてくれたことを思い出してみると、だれでも自分の子どもに対しては、無条件に何かこの子のためにしてあげたいと思うでしょう。

　それは、子どもに尽くすという感情です。その思いを抱いた後に、子どもが

健やかに成長するよう、しっかりと導いていかなければとも考えるはずです。

そうです。誰もがよきリーダーになれるのです。

ぜひ、「傾聴」「共感」「説得」といった、ささやかかもしれませんが、着実に取り組めることから着手していきましょう。そして、できることを少しずつ増やしていってはいかがでしょうか。

経営者や上司であるあなたがその姿を示すことが、ハラスメントの真なる防止につながり、好循環のあるホワイト企業へ変わる第一歩となるはずです。

【著者プロフィール】

樋口ユミ（ヒグチ　ユミ）

㈱ヒューマン・クオリティー代表／ハラスメント対策コンサルタント

1993年立命館大学産業社会学部卒業。同大学職員としてキャリアセンター（就職部）にて女子学生と女性の卒業生のキャリア支援に携わる。同時にセクシュアル・ハラスメント相談員として相談業務も行う。その後、教育研修会社でのコンサルタントを経て2008年に株式会社ヒューマン・クオリティーを設立。20年間のハラスメント防止対策の豊富な経験を基にして、ハラスメント防止対策の専門機関として企業・官公庁・学校・病院などのあらゆる組織を対象に活動している。講演・研修だけでなく、防止体制づくりのサポート、ハラスメント問題解決のための人事担当者へのアドバイス、管理職面談、相談者へのカウンセリングや相手方面談など、活動範囲は多岐にわたる。著書は『働きやすい職場を作る「パワハラ」管理職の行動変容と再スタート』（第一法規／2022.3）等。

建設現場の
ハラスメント防止対策ハンドブック　【改訂版】
知らなかったではすまされない！
人が辞めない職場づくりの知識と実務

平成30年11月30日　初版発行
令和4年9月28日　改訂版第1刷発行

著　者：樋口　ユミ
発行人：藤澤　直明
発行所：労働調査会
　　　　〒170-0004 東京都豊島区北大塚2-4-5
　　　　TEL　03-3915-6401
　　　　FAX　03-3918-8618
　　　　https://www.chosakai.co.jp/

© Yumi Higuchi 2022
ISBN978-4-86319-950-7 C2030